無蛋奶 不過敏

自然食材烘焙坊

石井織繪

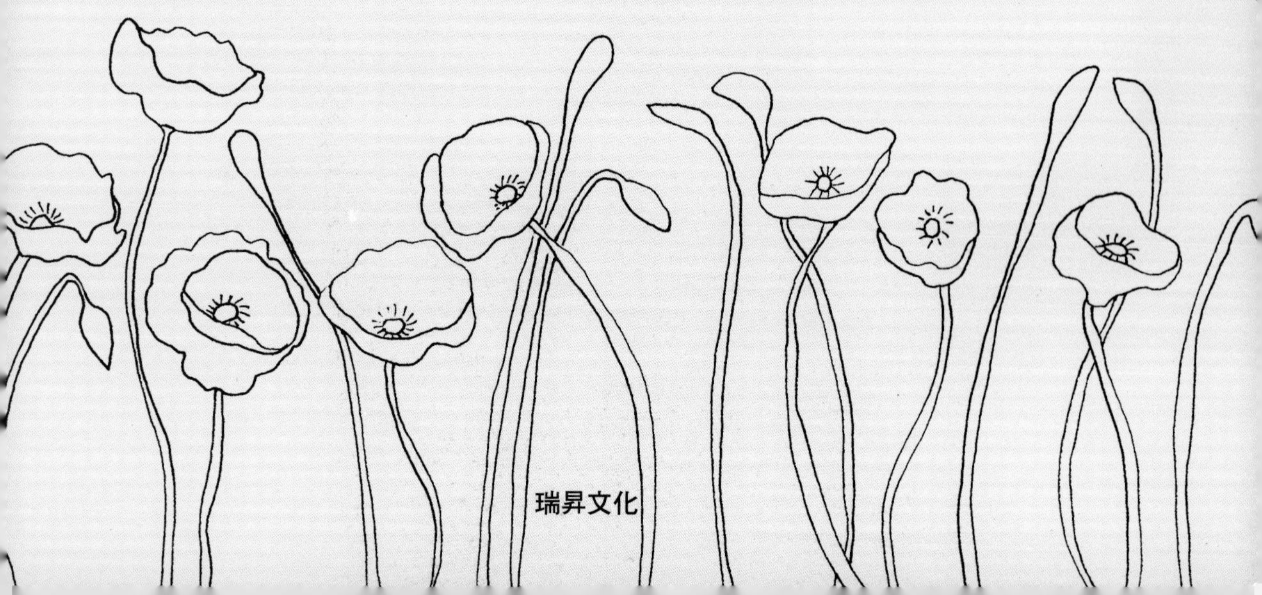

瑞昇文化

CHAPTER 3

RAINBOW TABLE BREAD

CHAPTER 4

EDIBLE FLOWER SWEET CAKE

[使用本書之前]

- 不太會做點心的人，請先從「基本」食譜做起。
  先依照食譜製作，記住味道後，就可隨個人喜好發揮創意了。
- 1 大匙＝ 15cc，1 小匙＝ 5cc。蔬菜、水果基本上是中等大小。
- 材料的個數為大約的標準，請依實際製作狀況適當調整。
- 烤箱的烘烤時間為大約的標準，不同廠牌、不同器具會有不同的加熱狀況，
  請參考完成的圖片來調整烘烤時間及溫度。

關於「彩虹點心」

做點心是一種魔法，能讓生活變得好幸福。本書的「彩虹點心」，是一種施了「色彩繽紛又美味」魔法的天然點心。我在以天然飲食為宗旨的餐廳裡做點心，成為一名點心作家後，一直以親近自然為我的創作主題。

我利用植物性素材將點心做成絢麗的「彩虹色系」。之所以有這樣的發想，是因為有一天，我看到朋友年幼的兒子在蛋糕店裡嚎啕大哭。這個小朋友對蛋過敏，但他吵著要吃一種用鮮奶油裝飾得很漂亮又蓬蓬軟軟的蛋糕捲。

我想讓不會增加身體負擔、看起來很樸素的咖啡色點心變得更可愛，討小朋友歡心。如果不用蛋和乳製品，也能在家輕鬆做出令人心花怒放的點心，這不就是讓大家開心笑呵呵的神奇魔法了嗎？

於是，我將我用心研究出來的食譜，集結成本書。若你每次讀這本書的時候，都忍不住讚嘆：「好可愛喔！看起來好好吃喔！」品味點心帶給我們的幸福感，我將無比欣喜。

orie ishii

ORGANIC SWEETS
BY
RAINBOW CARAVAN

① 奶油、牛奶等乳製品和蛋一概不用。

蓬鬆、濕潤、濃郁。我一直以「雖然是利用植物性天然食材做成，但會讓人想一吃再吃，滿足感完全不輸坊間蛋糕店的點心」為目標。油的部分我使用菜籽油或椰子油，濕潤的濃郁感則藉助甜酒、酒粕、鹽麴等發酵食材。因為沒用動物性油脂，所以器具洗起來超輕鬆。尤其是明明只利用身邊天然素材做成的麵包和海綿蛋糕，美味得令人驚呼：「應該放了蛋和鮮奶油吧？」請務必試作，實際體驗看看。

② 妝點點心的裝飾和上色全部使用植物性素材。

裝飾用的花朵是食用花（可以吃的花），奶油醬是豆腐、豆漿、椰子油做的。而讓糖霜和奶油醬變得五彩繽紛的著色劑，全部都是植物性素材，例如，粉紅色是用甜菜、藍色是用蝶豆花（一種豆科的花）來上色。不用化學染劑，完全採用鮮花、蔬菜等自然界美麗的顏色來為點心增添色彩，這種方法我且稱之為「植物染（Botanical Tones）」。利用身邊可安心食用的天然素材，就能讓家中點心變得超可愛！

③ 基本上只要「攪拌」→「烘烤」的超簡單點心。

以杯子蛋糕來說，如果事先準備好材料，那麼從篩入粉類、攪拌到放入烤箱，動手的時間只要 10 分鐘，熟能生巧後，差不多 5 分鐘就能搞定。尤其使用泡打粉的話，能讓麵團「快速」膨脹，而且「無需過度攪拌」，就能做出蓬鬆可口的點心了。再說，如果光是基本作法就讓人精疲力盡，那麼根本不會有心思好好裝飾，因此我一直留心要將食譜設計得工序越少越好，讓人在製作過程中輕鬆享受裝飾點心的樂趣。

◎又快又好吃的要訣

① 為方便計量，以「g」（公克）表示。

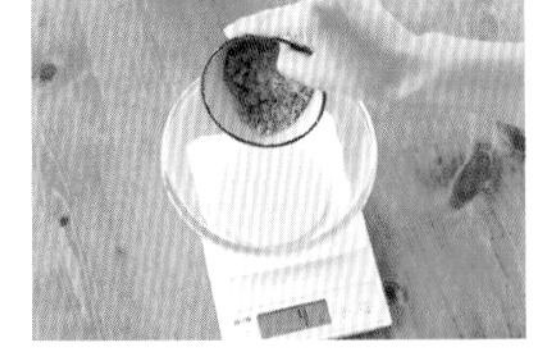

先將粉篩放入調理盆中，再放入粉類計量。

② 將材料分成「粉類」和「水類」兩大類，分別放入調理盆中秤重。

③ 秤的時候，先將粉篩放入調理盆中，再放入粉類，這樣之後篩粉比較方便。

用手攪拌，感覺粉末下降。

④ 擀麵團時，先準備一個冷凍保鮮袋，將左右兩邊剪開（圖A），然後將麵團放進去，蓋起來擀。

製作時可以避免弄髒擀麵棍和桌子。

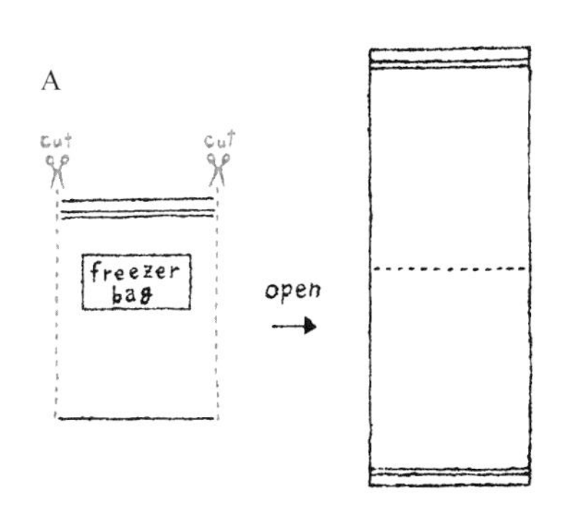

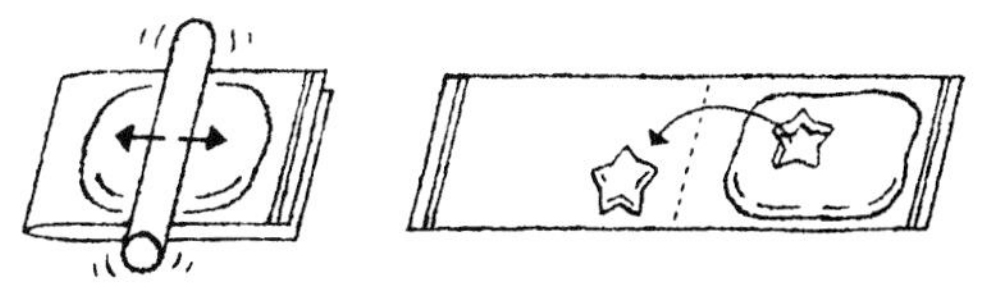

⑤ 每一道食譜於首次製作時，都要在烘烤完成的 5 分鐘前確認狀況。

掌握家中烤箱的烘烤狀況。

◎主要用具

我都是使用平時用慣的、大小合手、容易操作的用具，而且很多都是能讓製作過程更開心、我超愛的老古董。

量秤

使用「TANITA」的電子秤，最大計量為 3kg。本書的材料計量方式都是連容器一起計量（P.7），因此請使用計量值大的磅秤。

盛裝、過篩

使用方便打發、攪拌，且可盛裝液體的中等深型調理盆。附把手的會更好拿、更好倒。粉篩則使用不會阻塞粗粉的「柳宗理」製產品。

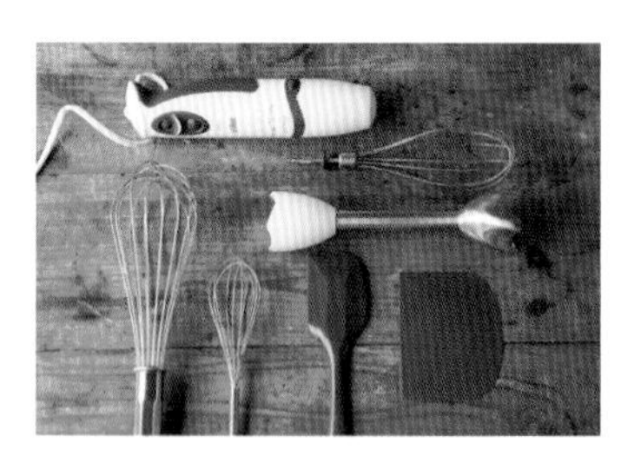

攪拌、打發

使用矽膠製耐熱橡皮刮刀和刮板。打蛋器則是大小都有才方便。也可用手持式電動攪拌器、果汁機、食物調理機等代替。

擀麵團

我都是使用這個 1950 年代的古董擀麵棍。工作墊則使用表面光滑平整、容易揉麵的產品。冷凍保鮮袋可在擀麵團時派上用場（P.7），洗淨後可重複使用。

切割、刻劃花紋

我都是使用可切割裝飾用水果等細緻作業的「庖丁工房忠房」水果刀。要在餅乾麵團上刻劃花紋時，就利用筷子、湯匙、叉子等身邊的用具。

模具

我多半選用白鐵製的模具，因為它容易加熱，而且烤出來的顏色很漂亮。麵包和磅蛋糕模具最好在首次使用時先上油空燒一次比較好用。

◎主要材料

我會盡量使用自然栽培、有機、在地生產的產品，這也等於是在支持親近自然的生產者及在地的製造者。如果找不到一模一樣的材料也無妨，合你口味、容易取得才是王道。（用來上色的色粉請參考 P.33）。

粉類

低筋麵粉使用製造日期還很新的日本岐阜縣產麵粉。本地生產的麵粉或自然栽培的麵粉雖然很有味道，但也很有個性，使用時請邊看麵團的狀況邊調整水量或油量。

甜味

主要使用未上色、容易溶解、雪白細緻的甜菜糖。楓糖漿使用有機產品，黑糖則使用甜味溫和的自然栽培產品。如果你喜歡使用咖啡色的砂糖，要注意是否完全溶解。

鹽

我偏愛使用海鹽、湖鹽等天然鹽。製作點心時，我都是使用天日湖鹽，或是葉山製造的天然海鹽。製作麵包時，則使用帶點甜味的天然岩鹽「玫瑰鹽」。

菜籽油、椰子油、起酥油

主要使用標記「菜籽沙拉油」的無雜味菜籽油。製作奶油醬時，都是選用有機椰子油製作的無味產品。做麵包用的有機椰子油（起酥油）是「DAABON」公司的產品。

泡打粉、天然酵母

選用不含鋁的泡打粉。如果你是麵包新手，請使用有機的顆粒狀天然酵母，但希望你有朝一日可以挑戰自己製作酵母。

甜酒、鹽麴、酒粕

甜酒和鹽麴是使用以天然麴製作而成的「NATURAL HARMONY」產品。我都是選用以米、麴為原料且保留顆粒感的甜酒。酒粕則選用風味不錯的「寺田本家」產品。總之，廠商不同，鹽分、糖分就會有所不同，請以食譜上的分量為基準，再視狀況調整。

用摘花的手來做點心吧
陽光、空氣、時間
全都摻入點心中
感謝大自然的恩典
與家人、朋友、心愛的人
邊吃邊笑邊說
好可愛喔　好好吃喔
這就是所謂的幸福吧

CHAPTER 1

NATURAL DECO COOKIE & CRACKER

以自然食材上色的
可愛甜餅＆鹹脆餅

02 糖霜花卉餅乾

裹上糖霜，點綴花瓣。
光這樣就讓餅乾麻雀變鳳凰！

→ recipe P.23

01 楓糖花卉餅乾

人人都愛的楓糖餅乾中，
放上了堇菜、幸運草等花卉。

→ recipe P.22

03 抹茶餅乾

不甜，抹茶風味怡人。
用刀切割出來的手工感饒富趣味。

→ recipe P.24

04 可可餅乾

放入大量可可，製造出苦味的濃郁感。
用「模具切割＋糖霜」，盡情玩創意！

→ recipe P.24

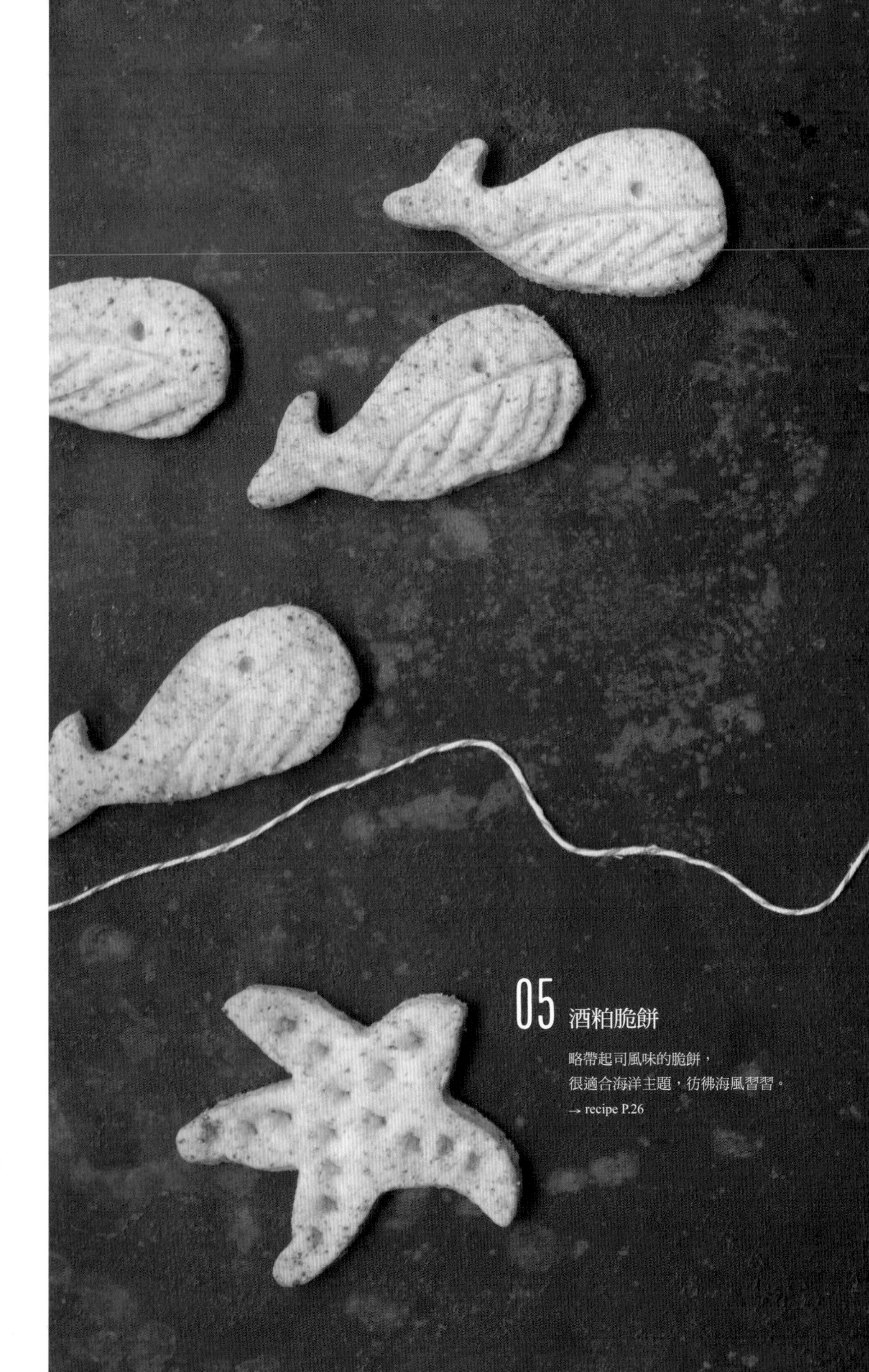

05 酒粕脆餅

略帶起司風味的脆餅，
很適合海洋主題，彷彿海風習習。

→ recipe P.26

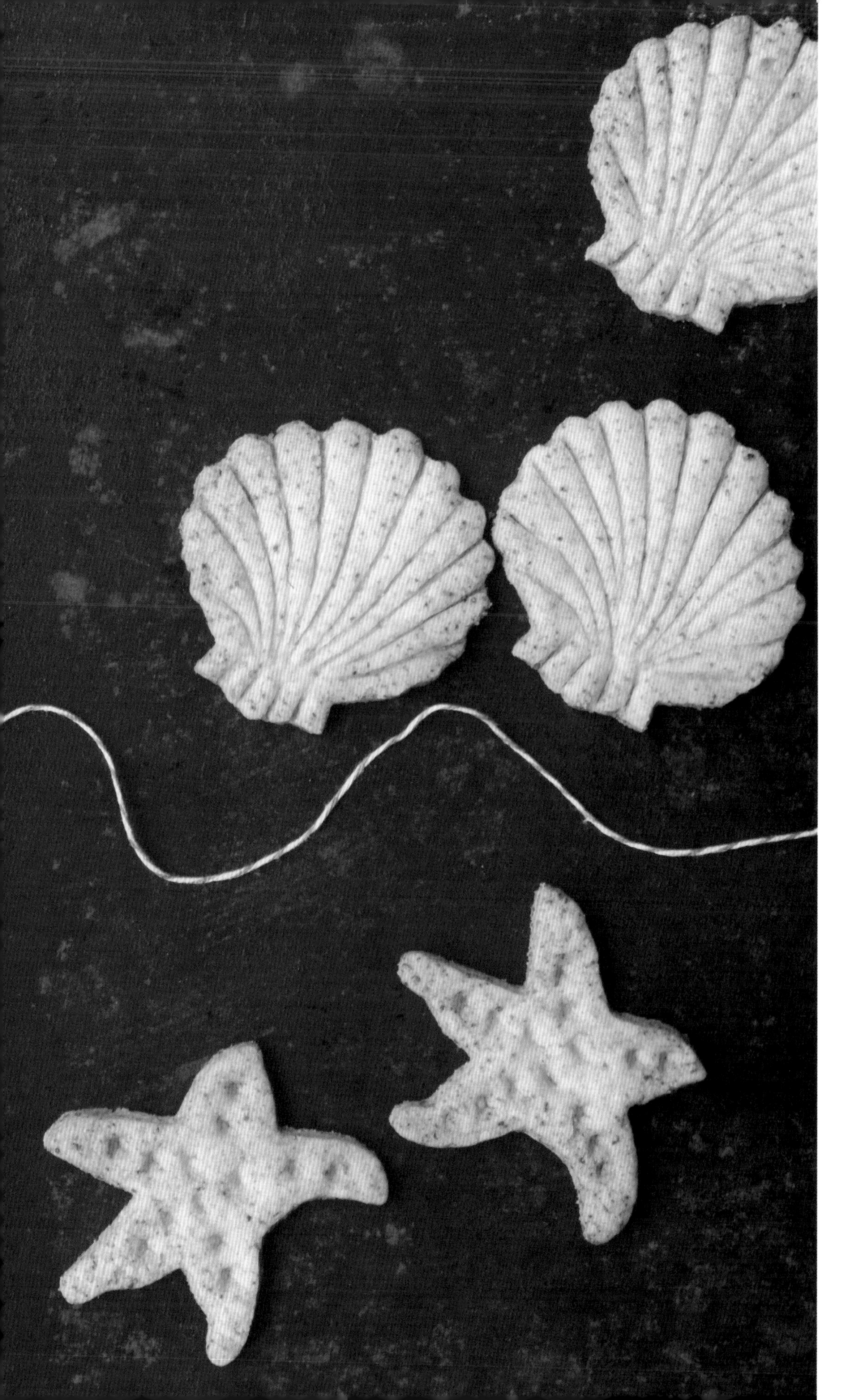

06 芝麻脆餅

芝麻風味怡人，
超可愛的三角脆餅。

→ recipe P.27

07 香草脆餅

濃濃香草味，
最佳下酒零嘴。

→ recipe P.27

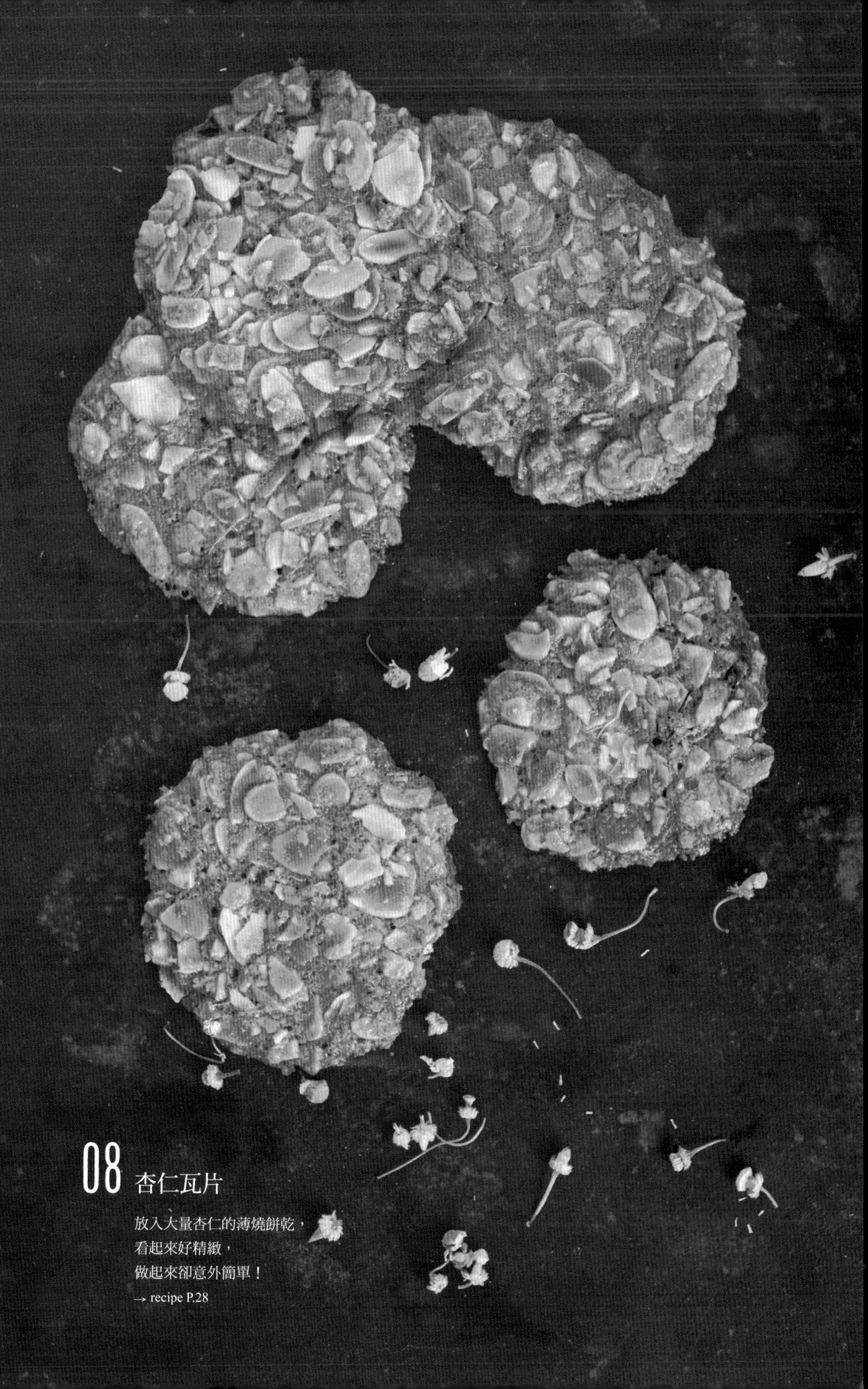

08 杏仁瓦片

放入大量杏仁的薄燒餅乾，
看起來好精緻，
做起來卻意外簡單！

→ recipe P.28

09 星空餅乾

月亮、星星、雲朵的多彩餅乾，
大人小孩都被逗得心花怒放！
可愛得宛如繪本世界中的點心。

→ recipe P.29

10 微笑的長角豆餅乾

長角豆的味道近似巧克力，
加上用可可楓糖畫出來的表情，
讓人不禁笑開懷！

→ recipe P.30

01 楓糖花卉餅乾的作法

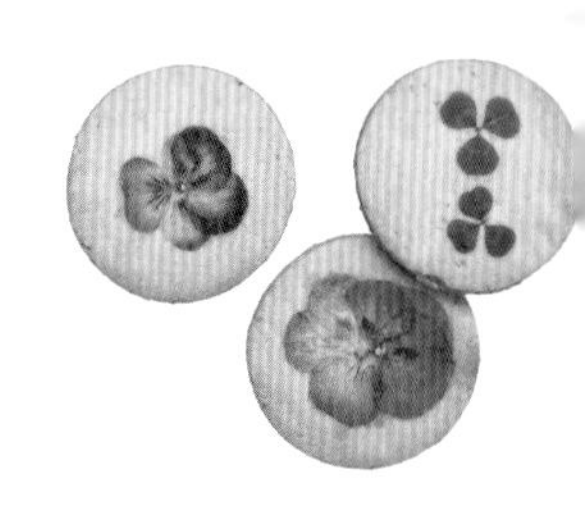

這道食譜不僅可利用身邊花卉輕鬆完成，而且下了工夫讓餅乾更美味。
香草溫和的甜與惹人憐愛的花草十分搭配。
加了太白粉後，餅乾的酥脆口感也是一絕。
不放花朵的話，厚度是 5mm，放上花朵後可稍微壓薄一點比較容易烤，花色也會比較漂亮。

◎材料（直徑 6cm × 16 片份）

A　低筋麵粉…190 g
　　杏仁粉…40 g
　　太白粉…20 g
B　菜籽油…75 g
　　楓糖漿…50 g
　　香草酒…5 g

* 食用花…適量

* 這次是摘我家院子裡的堇菜、白晶菊、香雪球、幸運草等花卉。（參考 P.94 ～ 97）。

◎事前準備

- 將粉篩放進調理盆中，再放入 A，秤好分量。
  另取一個調理盆放入 B，秤好分量。
- 烤箱預熱至 160℃。

◎作法

1 混合材料

將 A 的粉類過篩（a）。將 B 攪拌後，放入 A 的調理盆中（b）。

2 攪拌→整理成團

用橡皮刮刀將 1 從底部切拌上來，不要搓揉（c）。切拌到沒有粉狀物以後，將麵團輕輕整理成一團（d）。

3 擀麵團

用擀麵棍將 2 的麵團擀成厚 3mm（e）。

a

使勁搓動手指，將粉篩中的粉類篩下去，並挑掉粉塊。

b

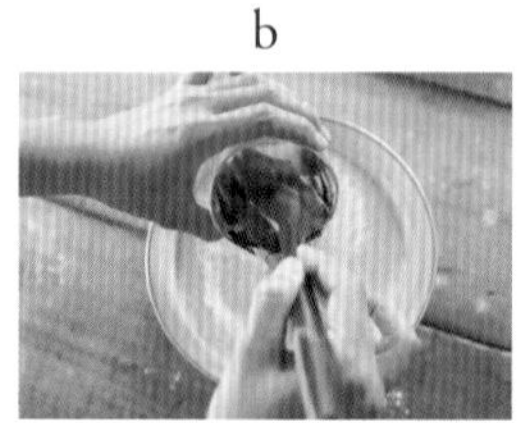

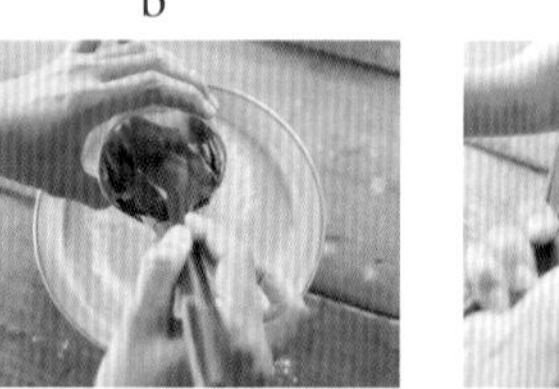

c

d-1

→

d-2

→

d-3

整理成一團後，重複數次「對半切開→疊起來」的動作，不要搓揉，直到完全沒有粉狀物為止。

e

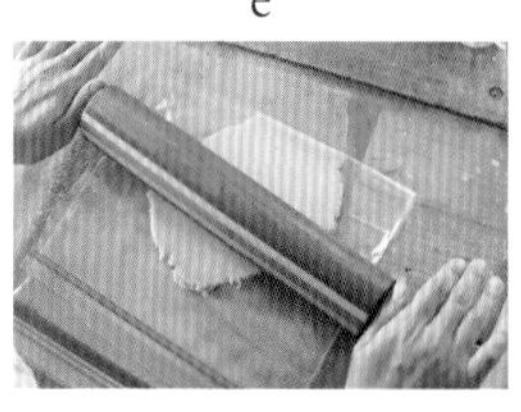

將麵團夾進左右兩邊已經剪開的冷凍保鮮袋（P.7 圖 A）中間，這樣會比較容易進行。

4 用模具切割

用模具將想要的形狀切割出來，然後排在烘焙紙上（f）。

※ 多餘麵團的處理方式請參考 P.25。

5 黏上花朵

用指尖沾水（分量外），將花的背面打濕，然後黏在麵團上（g）。

6 烘烤

用 160℃的烤箱烘烤 20 分鐘。烘烤過度的話，花色會變醜，請注意。烤好後放在烤盤上使之完全冷卻。

f-1 → f-2

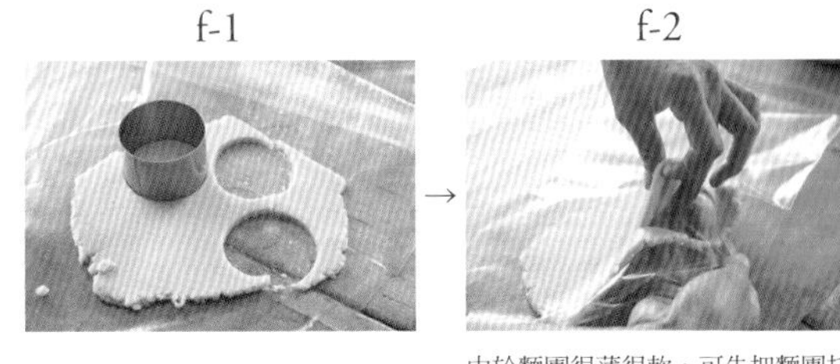

由於麵團很薄很軟，可先把麵團托上來，再仔細撕下來。

g-1

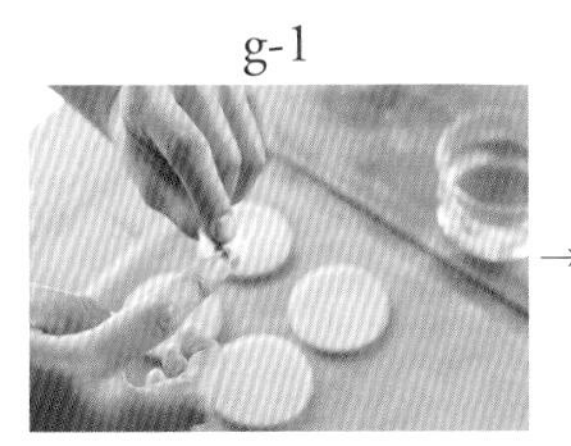

→ g-2

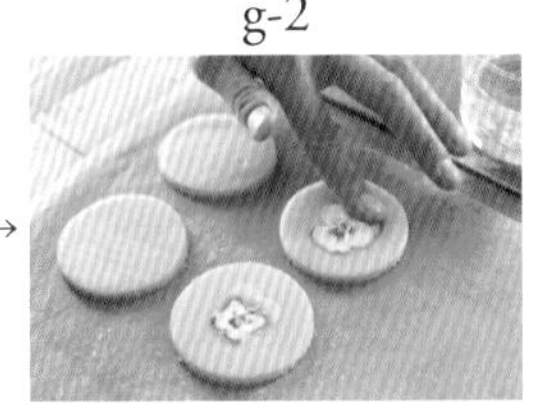

沒有黏住的部分會變得脆脆的，須注意。用指尖撫壓下去，讓花朵與麵團緊密結合。

02 簡易糖霜／花卉
糖霜花卉餅乾的作法

只要將麵團沾一下糖霜液即可，新手也能一次就上手。
花卉的種類、顏色不同，餅乾的表情便不同，這正是有趣之處。

◎材料

楓糖花卉餅乾的分量…16 片份
糖霜（白）…適量（參考 P.32）
彩色糖霜（粉紅）…適量（參考 P.32 ～ 33）
　糖霜（白）…P.32 食譜分量
　甜菜粉…2 小調味匙
食用花…適量（參考 P.94 ～ 97）

◎作法

1. 同〈01 楓糖花卉餅乾〉的作法烘烤沒有花朵的楓糖餅乾。
2. 小調理盆中放入糖霜（白）的材料，攪拌至出現彈性後，將 **1** 的餅乾放進去，使餅乾表面沾上糖霜。
3. 糖霜（白）沾完後，將甜菜粉放進同一個調理盆中，製作彩色糖霜（粉紅），再將 **1** 的餅乾放進去，使餅乾表面沾上糖霜（a）。
4. 在 **2** 和 **3** 的糖霜乾掉之前，隨喜好撒上新鮮的花卉、乾燥的花瓣（b）。

a

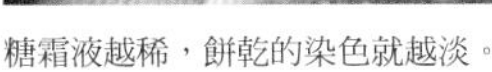
糖霜液越稀，餅乾的染色就越淡。

b

03 用手切割／糖霜
抹茶餅乾的作法

烘烤過度的話，抹茶顏色會不漂亮，
因此完成前 5 分鐘就要開始觀察烤箱狀況。

◎材料（16 片份）

A　低筋麵粉…190 g
　　杏仁粉…40 g
　　太白粉…20 g
　　抹茶…6 g

B　菜籽油…80 g
　　楓糖漿…40 g

彩色糖霜…適量（參考 P.32 ～ 33）
　　綠色→糖霜（白）×抹茶
　　茶色→糖霜（白）×可可

◎事前準備

- 將粉篩放進調理盆中，再放入 A，秤好分量。另取一個調理盆放入 B，秤好分量。
- 烤箱預熱至 160℃。

◎作法

1. 將 A 的粉類過篩。將 B 攪拌後，放入 A 的調理盆中。
2. 用橡皮刮刀將 **1** 從底部切拌上來，不要搓揉。切拌到沒有粉狀物以後，將麵團輕輕整理成一團。
3. 用擀麵棍將 **2** 的麵團擀成厚 4mm。
   ※1 ～ 3 的麵團作法同 P.22 ～ 23 的要領。
4. 用刀將 **3** 的麵團切成樹木形狀，然後排在烘焙紙上（a）。
5. 用 160℃的烤箱烘烤 20 分鐘。烤好後放在烤盤上使之完全冷卻。
6. 隨喜好用彩色糖霜彩繪（b）。

a

刀尖打直，上下移動，切割時不要拉扯麵團。也可利用事先剪好的模型紙來切。

b-1

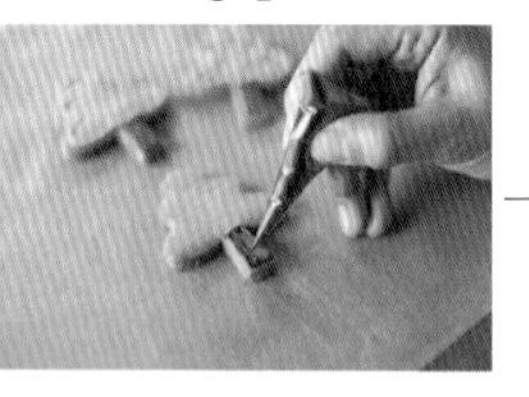

→ b-2

→ b-3

04 模具切割／糖霜
可可餅乾的作法

可可粉會讓麵團緊縮起來，
這時候多加一點點水分或油分，麵團就不會變硬了。

◎材料（16 片份）

A　低筋麵粉…130 g
　　可可粉…60 g
　　杏仁粉…40 g

B　菜籽油…85 g
　　楓糖漿…60 g
　　豆漿…25 g

彩色糖霜…適量（參考 P.32 ～ 33）
　　綠色→糖霜（白）×抹茶

◎事前準備

- 將粉篩放進調理盆中，再放入 A，秤好分量。另取一個調理盆放入 B，秤好分量。
- 烤箱預熱至 160℃。

◎作法

1. 將 A 的粉類過篩。將 B 攪拌後，放入 A 的調理盆中。
2. 用橡皮刮刀將 **1** 從底部切拌上來，不要搓揉。切拌到沒有粉狀物以後，將麵團輕輕整理成一團。
3. 用擀麵棍將 **2** 的麵團擀成厚 4mm。
   ※1 ～ 3 的麵團作法同 P.22 ～ 23 的要領。
4. 用葉片模具將 **3** 的麵團切割出來（a），或是用刀子切割也可以，然後排在烘焙紙上。
5. 用 160℃的烤箱烘烤 20 分鐘。烤好後放在烤盤上使之完全冷卻。
6. 隨喜好用彩色糖霜彩繪。

a

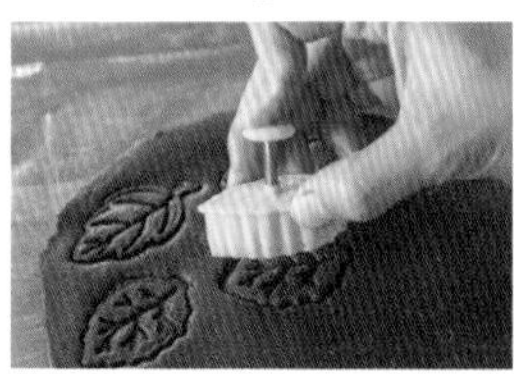

可以利用能在表面印出圖案的「圖章式推壓模」。這樣就能輕鬆做出精緻感了，非常方便。

More Point

◎餅乾麵團在成形過程中破裂的話……

想要做出可愛造型，卻因為麵團太薄太軟而破掉！如果是在烘烤前破掉的，可用下面的方法補救。

1 將麵團放在烘焙紙上，再將破裂部分接起來（a）。
2 用手指將麵團上的裂痕撫平（b）。

a
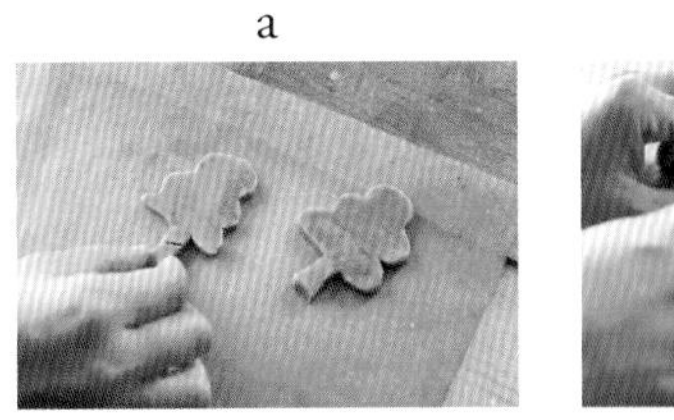

b
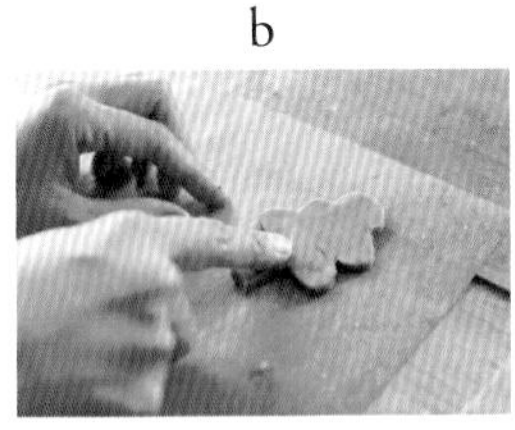

◎餅乾麵團有剩的話……

例如，用模具切割後剩下來的麵團。可以將這些麵團揉合成圓形餅乾，直接烘烤，但我會稍微加工一下，把它們做成歡樂的妖怪。

1 將剩餘麵團揉合成圓形（a）。
2 用手指將麵團壓成圓片，然後包進角豆碎粒（參考 P.30）、核桃、巧克力等（b）。
3 用筷子尖端畫出圖案後，和其他餅乾一起烘烤。這些多餘的麵團比較沒味道，因此做成小小的微笑餅乾（c）。

◎烤好後沒有酥酥脆脆的口感……

可能是麵團過度搓揉，或者是烤箱溫度太低而沒能確實烘烤。請多做幾次，調整到滿意的程度。

◎不太能接受糖霜的甜膩……

將餅乾麵團擀成比食譜標示多出 1mm 厚就行了吧。或者，也可在糖霜中加一點檸檬皮屑，味道便會很清爽。

◎用於餅乾、瑪芬、蛋糕上的香草酒有何魔力？

大家普遍使用的香草精是加了添加物的人工香料，但香草酒是香草籽做出來的天然香草精華。香草精有種很濃的人工香味，但純然的香草酒吃下去會有香草的芳香在口中擴散開來，高雅無比。在點心麵團中加點香草酒，就能將美味提升數倍，這不是魔力是什麼？

05 基本餅乾／模具切割 酒粕脆餅的作法

加了酒粕下去烘烤，竟意外烤出起司味。
杏仁粉的濃郁成功創造出酥脆且濕潤的口感。
因為不甜，不愛甜食的男性朋友也大讚不已。

◎材料（12 片份）

A　低筋麵粉…70 g
　　太白粉…65 g
　　杏仁粉…10 g
　　酒粕…35 g
　　鹽…3 g
B　菜籽油…45 g
　　鹽麴…1/2 小匙
豆漿…25 g

◎事前準備

・調理盆中放入 A，秤好分量。
　另取一個調理盆放入 B，秤好分量。
・烤箱預熱至 160℃。

◎作法

1 攪散

用手將 A 的粉類攪散，再將酒粕撥散（a）。
拌勻後，將 B 放進去，用手搓散（b）。

2 攪拌→整理成團

待整個開始濕潤後，放入豆漿，用刮板或橡皮刮刀切拌（c）。切拌到沒有粉狀物以後，將麵團輕輕整理成一團。

3 擀麵團

用擀麵棍將 **2** 的麵團擀成厚 4mm（d）。

4 用模具切割→自由創作

用喜歡的模具將麵團切割出來，然後排在烘焙紙上，再用筷子或湯匙刻劃圖案（e）。

5 烘烤

用 160℃的烤箱烘烤 20 分鐘，直到烤出金黃色為止。烤好後放在烤盤上使之完全冷卻。

☆在麵團中摻入黑胡椒或喜歡的香料，就能當下酒零食。請自由發揮！

a

b

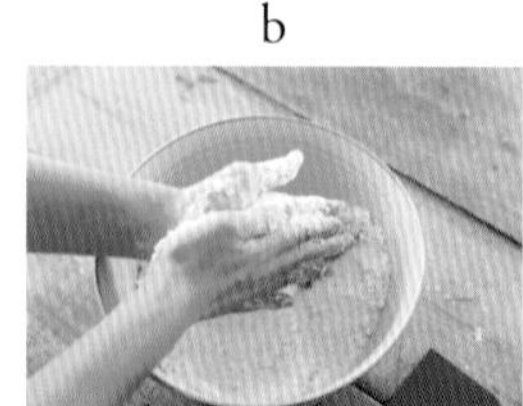

搓散至變成米粒狀。

c

如果用力揉麵團就不會有酥脆的口感，須注意。

d

將麵團夾進左右兩邊已經剪開的冷凍保鮮袋（P.7 圖 A）中間，這樣會比較容易進行。

e-1

利用筷子的細端、粗端，以及湯匙的弧度等，刻劃出喜歡的點和線。

→ e-2

→ e-3

→ e-4

06 芝麻脆餅的作法

芝麻香氣讓人上癮，
和香草脆餅一樣都是下酒良伴，
一吃就停不下來喔。

◎材料（邊長約 5cm × 30 片）

A 低筋麵粉…70 g
太白粉…65 g
杏仁粉…10 g
酒粕…35 g
金芝麻（也可以白芝麻代替）…10 g
鹽…3 g

B 菜籽油…25 g
＊芝麻油…20 g
鹽麴…1/2 小匙

豆漿…25 g

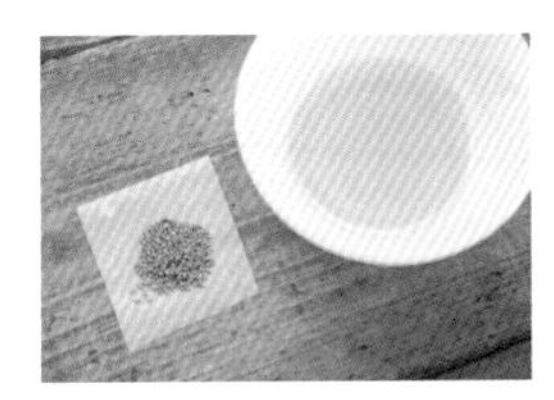

＊味道重的芝麻油令人印象深刻，清淡的芝麻油則會變成帶點芝麻香的大人風味。

◎事前準備

- 調理盆中放入 A，秤好分量。
  另取一個調理盆放入 B，秤好分量。
- 烤箱預熱至 160℃。

◎作法

1. 用手將 A 的粉類攪散，再將酒粕撥散。拌勻後放入 B，用手搓散。
2. 待整個開始濕潤後，放入豆漿，用刮板或橡皮刮刀切拌。切拌到沒有粉狀物以後，將麵團輕輕整理成一團。
3. 用擀麵棍將 **2** 的麵團擀成厚 4mm。
   ＊ **1** ～ **3** 的麵團作法同 P.26 的要領。
4. 用刀切成 5cm 見方，再對半切成三角形。
5. 用 160℃的烤箱烘烤 20 分鐘。烤好後放在烤盤上使之完全冷卻。

07 香草脆餅的作法

橄欖油的美味直接化為餅乾的美味。
沾豆漿美乃滋（P.61）或酪梨沾醬來吃，
很有起司脆餅的感覺。很適合招待朋友。

◎材料（邊長約 5cm × 30 片）

A 低筋麵粉…70 g
太白粉…65 g
杏仁粉…10 g
酒粕…35 g
喜歡的香草…3 g
鹽…3 g

B ＊橄欖油…55 g
鹽麴…1/2 小匙

豆漿…25 g

＊我愛用的義大利產「ORCIO SANNITA」是一種手工榨取的有機橄欖油。它的水果風味與香氣能讓點心和料理展現驚人美味！

◎事前準備、作法

同〈06 芝麻脆餅〉的要領。

☆選用你喜歡的香草即可，羅勒、百里香、迷迭香等都很對味。

08 用湯匙舀起麵團放在烤盤上
杏仁瓦片的作法

焦糖與杏仁的芳香怡人。
烤得薄薄的，酥脆的輕盈口感好過癮。

◎材料（直徑 7cm × 10 ～ 12 片份）

A　杏仁片…50 g
　　甜菜糖…25 g
　　低筋麵粉…15 g
B　菜籽油…20 g
　　豆漿…17 g

有的話，可準備西洋接骨木、德國洋甘菊…各 1/2 小匙

◎事前準備

・調理盆中放入 A，秤好分量。
　另取一個調理盆放入 B，秤好分量。

・烤箱預熱至 160℃。

◎作法

1 混合材料

將 B 整個放入 A 的調理盆中。

2 攪拌

用橡皮刮刀大致攪拌至沒有粉狀物為止（a）。

3 舀麵團

用大湯匙舀起 **2**，一個個放在烘焙紙上（b）。用手指沾水（分量外），將 **2** 的麵團整理成平坦的圓形（c）。

4 烘烤

用 160℃的烤箱烘烤 20 分鐘，烤至呈金黃色為止。烤好後放在烤盤上使之完全冷卻。

☆放上西洋接骨木或德國洋甘菊等乾燥香草，自然感倍增。

a

b

要推開麵團，因此須保持一點距離。

c-1　→　c-2

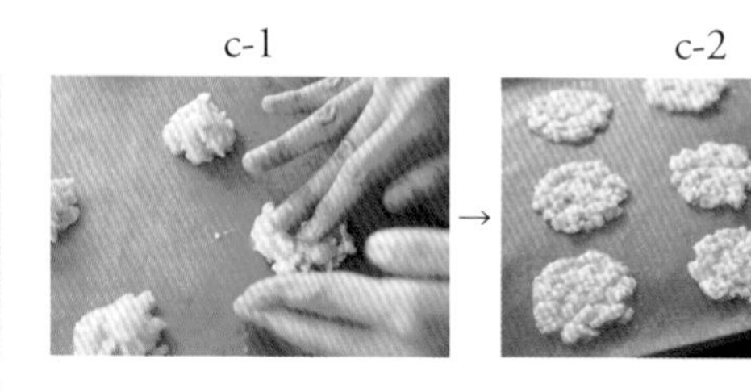

糖霜

09 星空餅乾的作法

烤出各種口味的餅乾，再以糖霜上色。
胖胖的、濃濃的糖霜雖然甜，但可愛度倍增。
裝在瓶子裡當成小禮物，肯定大受歡迎。

◎材料
喜好的餅乾…適量
　伯爵餅乾（參考下方）
　楓糖花卉餅乾（參考 P.22 ～ 23）
　抹茶餅乾（參考 P.24）
　可可餅乾（參考 P.24）
彩色糖霜…適量（參考 P.32 ～ 37）
　黃色→糖霜（白）×薑黃
　綠色→糖霜（白）×抹茶
　紫色→糖霜（白）×紫芋粉
　藍色→糖霜（白）×蝶豆花（參照 P.33）
　粉紅→糖霜（白）×甜菜粉　等

◎作法
用彩色糖霜彩繪喜歡的餅乾（a）。

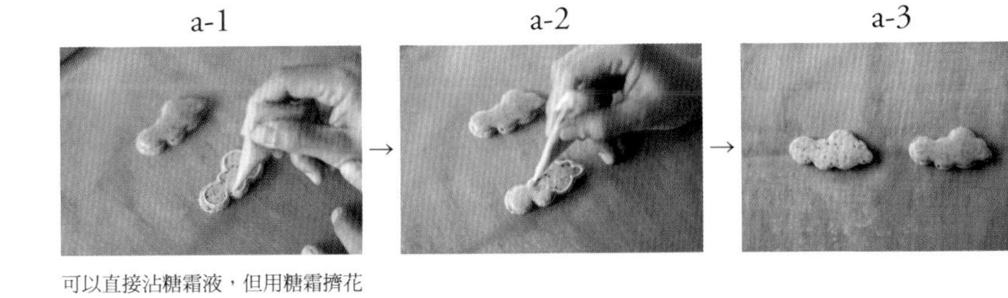

可以直接沾糖霜液，但用糖霜擠花袋（參考 P.34）來塗會更漂亮。

伯爵餅乾的作法

茶葉點點且茶香怡人，整體風味好深邃。
除了伯爵茶，也可用阿薩姆紅茶等喜歡的茶葉來試試。

◎材料（容易製作的分量）
A　低筋麵粉…190 g
　杏仁粉…40 g
　太白粉…20 g
　* 伯爵茶的茶葉…2 g
B　菜籽油…75 g
　楓糖漿…50 g

* 也可撕開茶包，將裡面的茶葉放進去。

◎事前準備、作法
同〈01 楓糖花卉餅乾〉P.22 ～ 23 的要領。

10 繪圖 微笑的長角豆餅乾的作法

加了全麥粉的餅乾中間夾了角豆夾心。
可愛又有分量，小朋友超喜歡。
請務必試試這款我家才有的長角豆夾心餅乾。

◎材料（直徑 6cm ×夾心 8 個份）

A　低筋麵粉…50 g
　全麥粉…50 g
　杏仁粉…50 g
　太白粉…30 g

B　菜籽油…45 g
　豆漿…40 g
　甜菜糖…10 g
　香草酒…5 g

* 角豆碎粒…48 g（6 g × 8 個份）

可可糖漿（繪圖用）
　可可粉…5 g
　楓糖漿…25 g

◎事前準備

- 將粉篩放進調理盆中，再放入 A，秤好分量。另取一個調理盆放入 B，秤好分量。
- 烤箱預熱至 160℃。
- 取一小調理盆，放入可可糖漿的材料，拌好。

* 角豆碎粒是用長角豆做成的，多用來代替巧克力。

◎作法

1. 將 A 的粉類過篩。
將 B 的砂糖溶解拌勻（使之乳化）後，再放入 A 的調理盆中（a）。
2. 用橡皮刮刀將 1 從底部切拌上來，不要搓揉（b）。切拌到沒有粉狀物以後，將麵團輕輕整理成一團（c）。
3. 用擀麵棍將 2 的麵團擀成厚 5mm。
※1 ～ 3 的麵團作法同 P.22 ～ 23 的要領。
4. 用模具切割出來，然後排在烘焙紙上（d）。
※ 剩餘的麵團可做成帽子等各種形狀。用可可糖漿在其中 8 片麵團上繪圖（e）。
5. 用 160℃的烤箱烘烤 30 分鐘，烤至中心也出現烤色為止。
6. 烤好後放在烤盤上，將沒有繪圖的餅乾翻面，散熱。待稍微散熱後，放上角豆碎粒（f）。
7. 角豆碎粒開始融化後，蓋上已繪圖的餅乾，讓角豆碎粒變成夾心（g）。

☆圖案請自由發揮。可以寫上訊息、家人的名字，畫上愛貓的表情等，主題完全不設限！

a

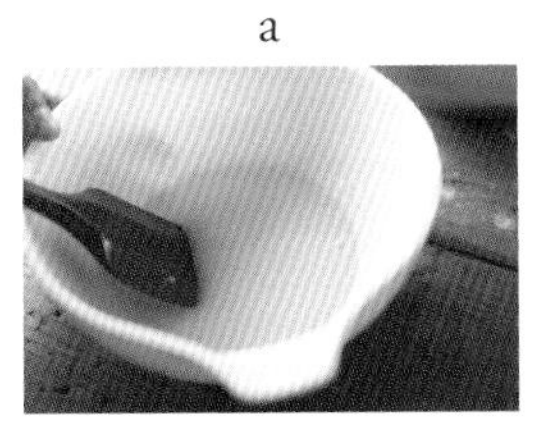

將B的材料全部拌勻，不要留下油分和砂糖粒，使之完全溶解，並攪拌到泛白為止。

b

c

d

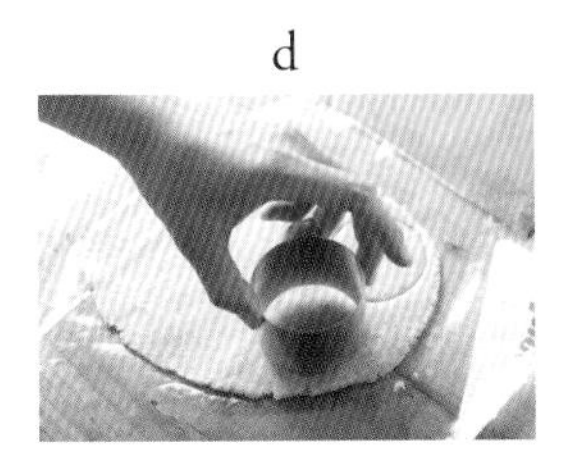

e

用尖細的毛筆沾可可糖漿，隨意繪上喜歡的圖案。

f

用湯匙將角豆碎粒放在翻面後的餅乾上。不想太甜就少放一點。

g-1

→

g-2

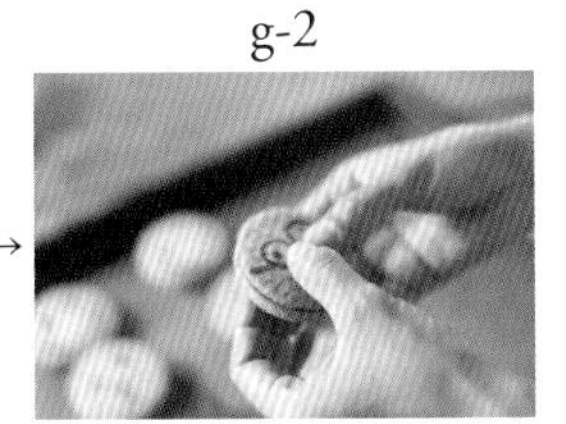

用餅乾的餘熱融化角豆碎粒，使2片餅乾黏在一起。要是還很燙就夾起來會變得脆脆的，須注意。

MORE POINT

◎所謂「乳化」……

製作點心時，經常會用到「乳化」技巧，簡單說，就是讓水分與油分充分融合。在這裡，乳化是混合豆漿×砂糖×菜籽油時的要訣。此外，豆腐×菜籽油的豆腐奶油醬、豆漿×椰子油的椰子奶油醬等，在不使用乳製品的本書食譜中，乳化是提升美味的要訣。

◎沒有楓糖漿的話……

楓糖漿價格不菲，因此也可用甜菜糖糖漿（將甜菜糖100g × 水50g 一起煮沸）代替。

基本糖霜（白）

要製作裝飾用的糖霜時，我也是使用對身體無負擔的甜菜糖做成的糖粉。
砂糖的吸水力強，但還是會隨種類、廠牌、季節等而有所不同。
本書基本食譜中的糖霜，都是做得稍微偏硬，
如果想要稀一點，就慢慢加水調整，這樣就不至於失敗才對。

◎材料（容易製作的分量）
糖粉 …70g
檸檬汁（或是水）…10g

◎作法
1 將檸檬汁倒入裝有糖粉的調理盆中，用橡皮刮刀攪拌（a）。
2 待結塊全都消失後，繼續搓揉攪拌。
※ 想要稀一點的話，就慢慢加水下去調整。如果不小心調得太稀，就再慢慢加入糖粉。

a-1 → a-2

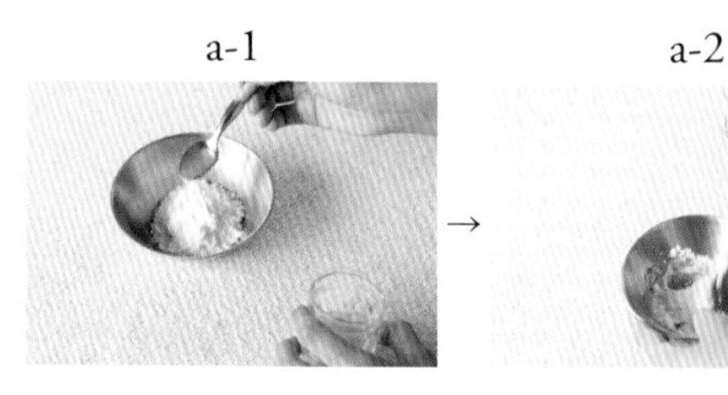

☆稍微偏硬

大約是尖角挺立的狀態。用於畫細線或點時。

☆稍微偏稀

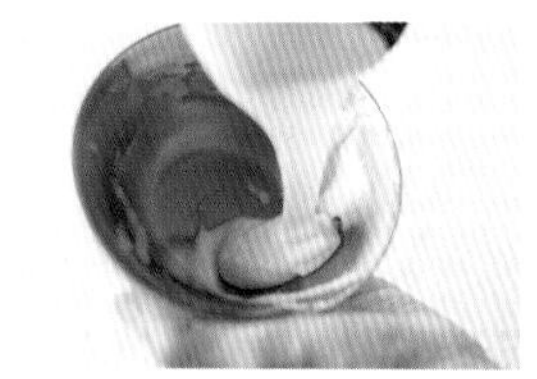

大約是舀起來再讓它流下去時，會呈絲帶般滑順的狀態。用於塗抹整個面時。

天然色的彩色糖霜

在基本的白色糖霜中，想要深綠色就放入抹茶，
想要橘色就放甜椒粉等，
用對身體較健康的天然素材來上色。
不使用人工著色劑，也能做出超可愛、
小朋友也可以安心食用的彩色糖霜。

◎作法
1 用調味匙舀一點色粉，放入糖霜（白）中（a）。
2 用橡皮刮刀攪拌到顏色完全均勻為止（b）。

※ 顏色調整的方式為由淺至深。要調成深色的話，就一點一點放入色粉，逐漸調整到喜歡的顏色。

a

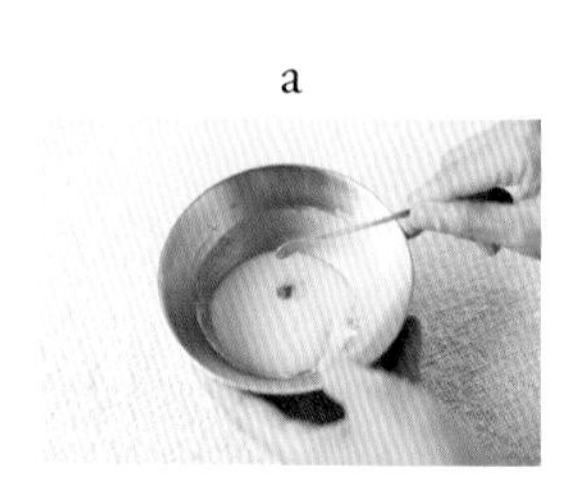

b-1 → b-2

☆顏色漂亮的植物染

用花草、蔬菜等植物來染色，我稱這種方法為「植物染」，
並將之應用在我的甜點製作上。以下介紹我常用的顏色。

a
巧克力⇨咖啡色系
不但能上色，也能增加滋味。

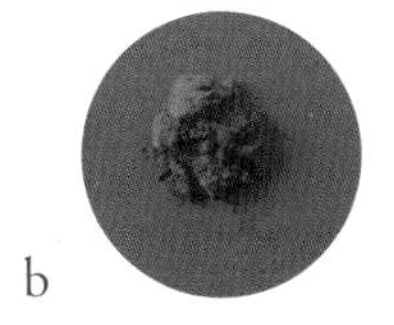

b
黑巧克力⇨黑、灰色系
無糖。也可使用麻炭、竹炭。

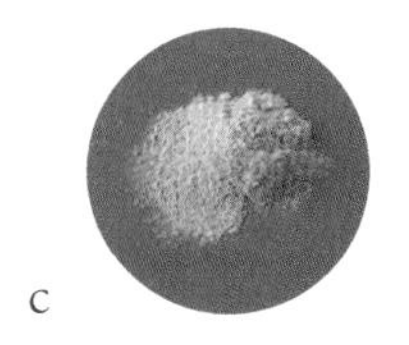

c
紫芋粉⇨紫色系
會對酸產生反應，不能使用檸檬汁。

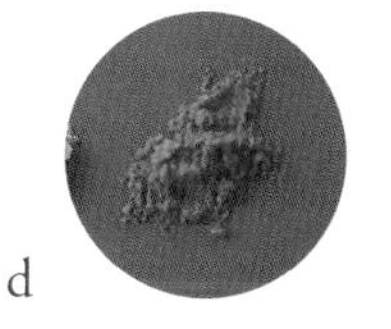

d
甜椒粉⇨橘色系
不但能上色，也能增加滋味。

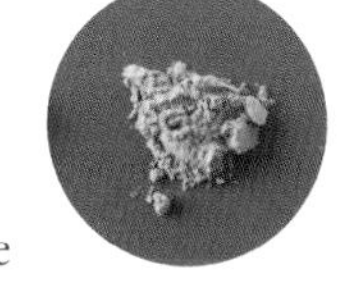

e
艾草、抹茶⇨綠色系
不但能上色，也能增加滋味。

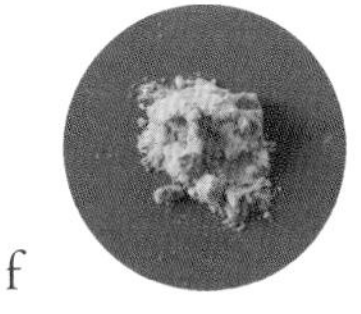

f
薑黃⇨黃色系
放太多會苦，須注意。

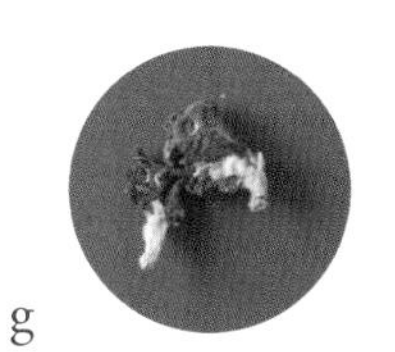

g
蝶豆花⇨藍色系
豆科的一種藍色花朵。會對酸產生反應，不能使用檸檬汁。

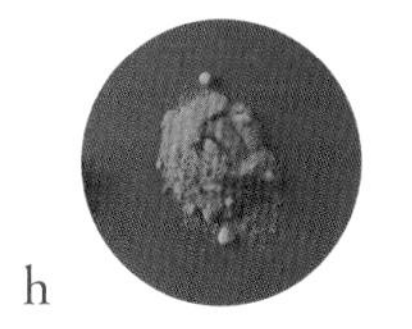

h
甜菜粉⇨粉紅色系
不確實攪拌會殘留顆粒，須注意。

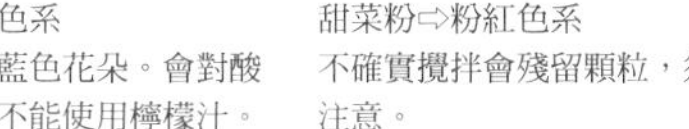

※ 色粉可在天然食材店和烘焙材料行裡買到。

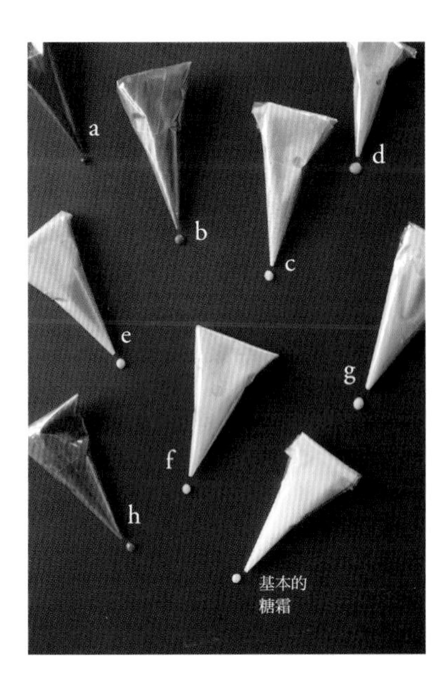

More Point

◎如果素材會對酸產生反應……

紫芋粉和蝶豆花會對酸產生反應而變色。利用這類素材來製作糖霜時，應該用水而不能用檸檬汁來溶化糖粉。此外，如果是使用柳橙等柑橘來製作的點心，也不適合用這些素材來上色。

◎使用蝶豆花的話……

蝶豆花也可以泡開水當成一種香草茶，要用它上色，就將它泡在水中，萃取藍色液體。然後取出花朵，將藍色液體（約10g）放進糖粉（容易製作的分量，70g）中，做成藍色糖霜。

糖霜擠花袋

用糖霜繪圖或寫字來做裝飾時，就會用到糖霜擠花袋。
有市售品，但不一定要購買，自己簡單做就行。
必須視需要準備不同擠口大小、分裝不同顏色的擠花袋。
多做幾次後，便能越做越上手。

◎材料

* 透明塑膠袋（A4 尺寸）、剪刀、透明膠帶

* 透明塑膠袋又名「OPP 袋」，在文具店都買得到。它很容易用透明膠帶黏起來（烘焙紙則不容易黏著），耐用又好用，對糖霜新手來說非常方便。

◎作法

1. 用剪刀將透明塑膠袋剪成長方形（a）。稍微錯開尖角，斜剪成三角形（b，圖 A）。
2. 以從三角形頂點垂直下來的那個點（圖 B）為中心，捲成圓錐狀（c）。
3. 讓擠花袋的前端弄尖，讓捲完的尾部呈正面，然後貼上膠帶固定住（圖 C）。
4. 將正面多餘的部分剪掉，這樣比較容易往內摺（d）。

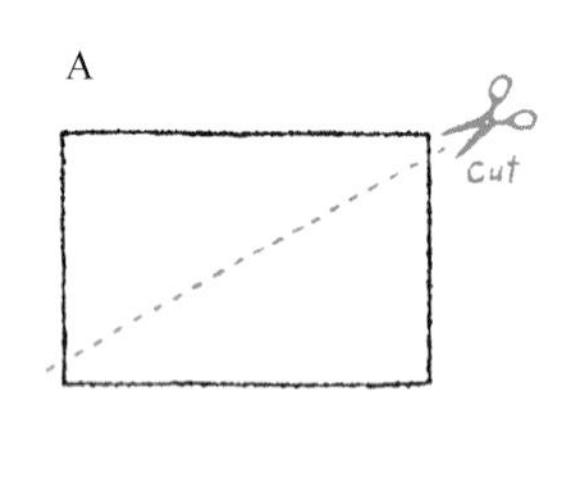

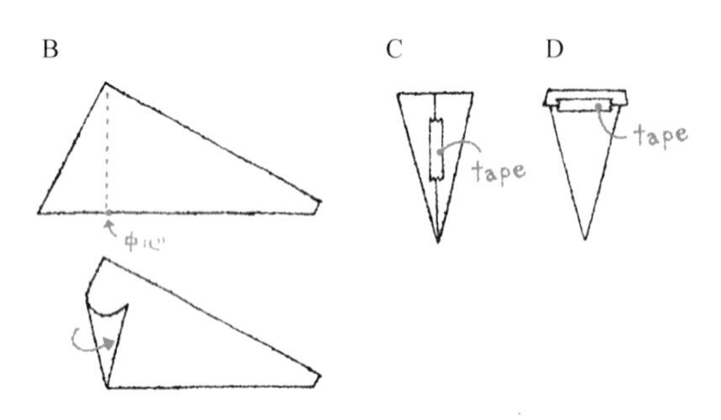

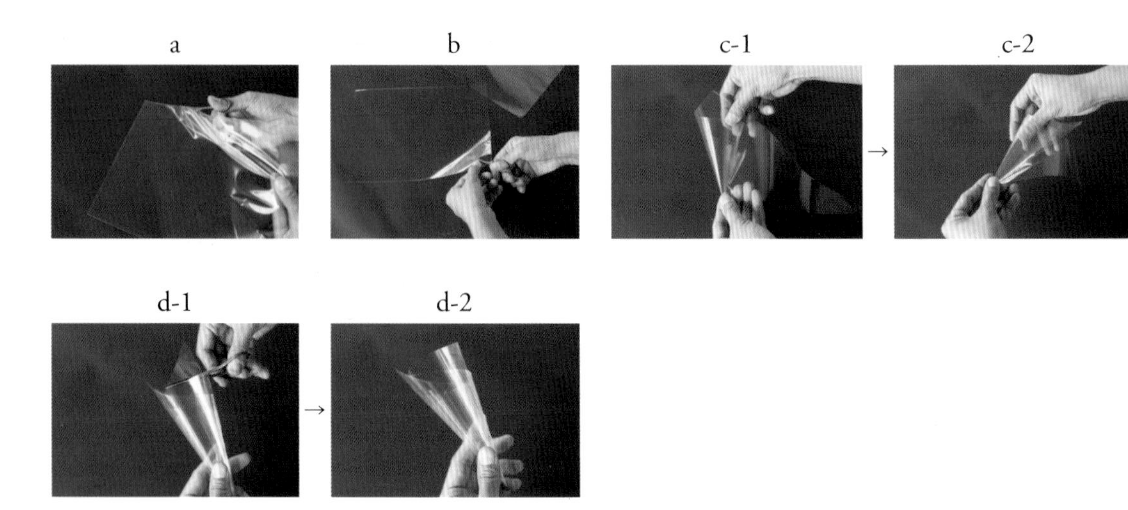

◎填充方法

1 用小湯匙將糖霜裝入擠花袋中（a）。

2 大約裝到擠花袋的一半就好。排掉空氣後往內摺，然後用膠帶封住（b、P.34 圖 D）。

※ 新手往往一不小心裝太多。要是太過用力，很容易擠得溢出來或是袋子破掉，須注意。

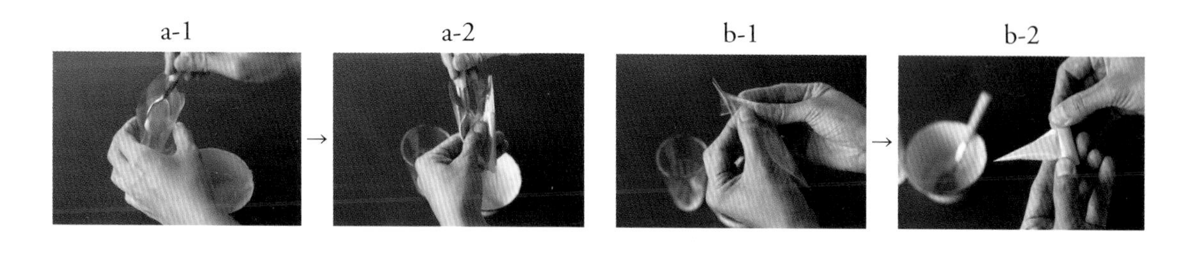

☆剪開擠花袋口

將擠花袋的尖端剪開，擠出裡面的糖霜來描繪圖案。袋口的剪法不同，擠出來的線條粗細便不同。

細線

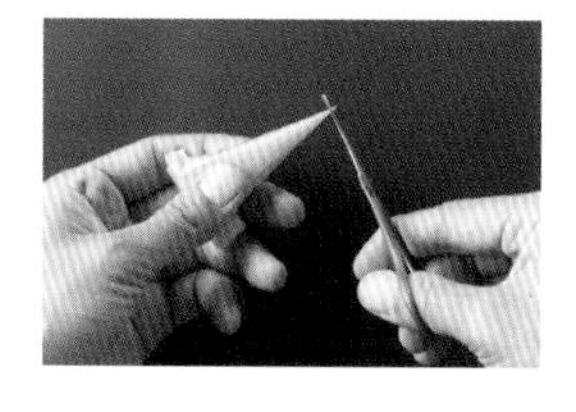

粗線

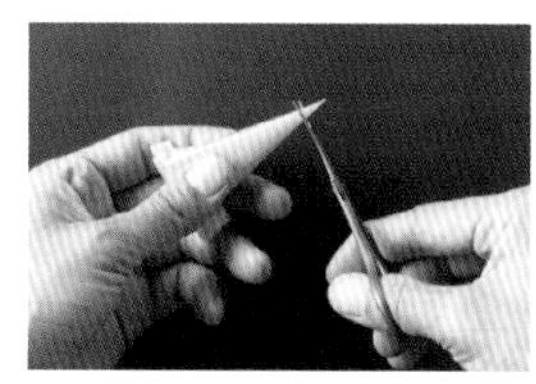

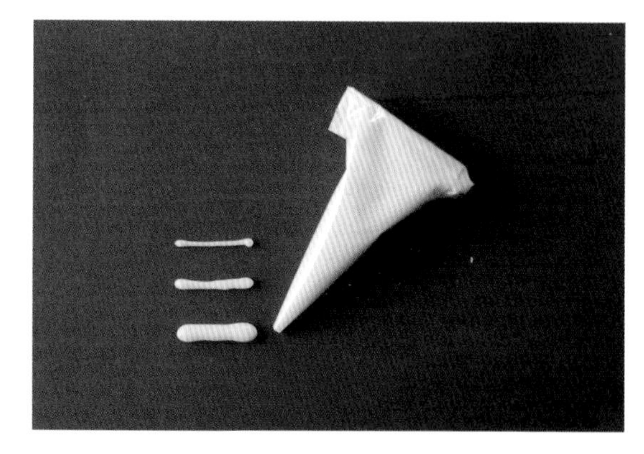

利用擠花袋來進行裝飾

這裡介紹擠花袋的基本拿法、畫法，了解後你會更上手。
本書登場的糖霜，都是利用這裡介紹的點、線、面的畫法，非常簡單。

◎拿法

按住摺疊部分的下方，然後擠出來。擠到分量變少後，就再往下摺一次。
※NG→拿得太靠近袋口會擠得不漂亮，須注意。

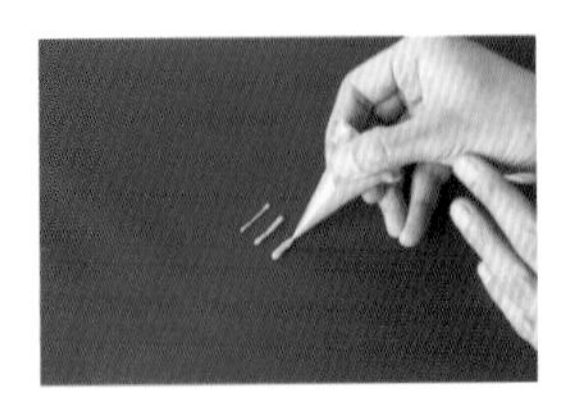

還不習慣時，可用另一隻手幫忙支撐拿擠花袋的那隻手，這樣就能穩住了。

◎畫法

<u>點的畫法</u>

擠出喜歡的大小，最後將尖端轉一下再拿起來就不會有尖角。

<u>線的畫法</u>

用均一的力道擠出來，持續朝想畫的方向移動。

<u>面的塗法</u>

先用細的糖霜畫出面的邊線。
↓
再用粗的糖霜塗滿整個面。

→

<u>重疊顏色</u>

先塗底色。如果是故意做得表面不均勻，也可直接用餅乾沾糖霜液。
↓
等底色乾掉後再畫上去。

→

MORE POINT

◎剩餘的糖霜

如果擠花袋中還剩下一點糖霜，就全部擠在烘焙紙上。可以用來放在蛋糕上面當頂部配料，也可放進咖啡、可可等熱飲中妝點色彩。

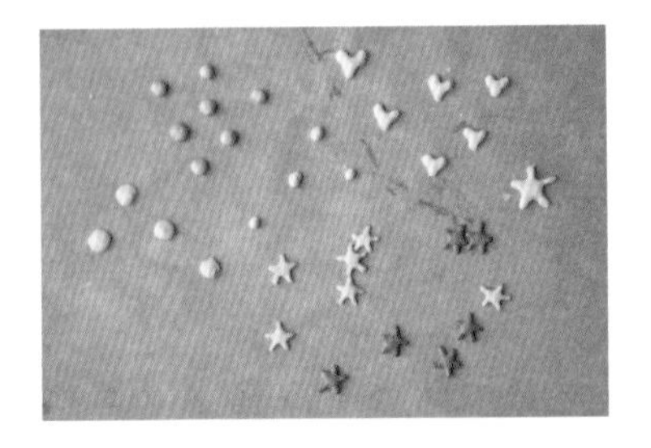

糖霜的創意表現

寫字、畫圖、疊色……
即便擠出範圍，也是手作的一種趣味，不妨多練習幾遍，一定能越做越漂亮。
這裡介紹幾款創意表現供你參考。
請自由揮灑，做出各式各樣的圖案吧。

在可可餅乾上先用白色糖霜塗面，再寫上不同顏色的字。

用點和線的糖霜畫出仙人掌圖案。

先畫好邊線，再整個塗上厚厚的一層。

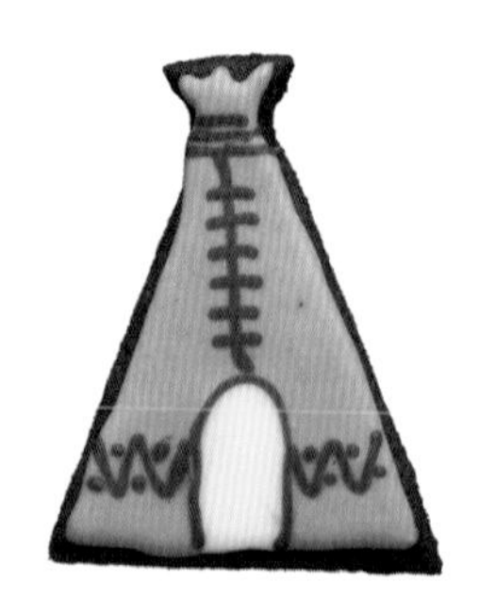

一起動手做吧

記得我第一次做點心是在三歲的時候，當時是在表姊家做餅乾。原來將麵粉和水拌在一起就能做出餅乾，真讓我大開眼界，等待餅乾出爐的那段時光，一整個興奮到不行。雖然大力幫忙（搗亂）而搞得滿臉滿手都是粉，但一起動手做的這段記憶，如今回想起來依然心頭一陣溫暖，是我內心的至寶。

我的工作室也有開設親子一起做點心的課程。我發現在裝飾方面，小朋友沒有大人的成見，更能樂在其中。尤其在裝飾花朵時，每每讓我驚呼：「哇，怎能這樣，太有創意了！」不過，完美主義型的小朋友也不少。我小時候也曾經因為看到烤出來的蛋糕跟書本上的不一樣，而氣得一把摔掉（笑）。如今，如果我能碰到小時候的我，一定會跟她說：「跟書上不一樣也很棒喔！」手作的魅力就是每一個都有各自的長相，再說，膨脹不起來這類技術問題，只要慢慢學，一定能越做越成功。切莫過於追求完美，放鬆心情樂在其中才是王道。若能與家人、朋友一起動手做點心，一定會成為難忘的美妙回憶。

11 藍莓瑪芬

蓬鬆的蛋糕中加了果醬和果實，
令人愛不釋手。

→ recipe P.50

12 草莓椰子瑪芬

草莓的鮮嫩多汁與紅豔色澤，
獻上一場華麗的演出。

→ recipe P.51

CHAPTER 2

VEGEFRU MUFFIN & TART

可吃到蔬果的
基本瑪芬與蛋塔

13 柳橙巧克力瑪芬

可可＆巧克力的濃郁香甜，
與柳橙的酸真是絕配。

→ recipe P.52

14 檸檬紅茶瑪芬

瑪芬蓬蓬軟軟，
檸檬茶芳香撲鼻。

→ recipe P.52

15 南瓜焦糖瑪芬

焦糖與堅果香，
襯托出南瓜的蓬鬆感。

→ recipe P.53

16 蘋果肉桂餅乾塔

滋味深邃的餅乾塔中，
融合了蘋果的溫柔滋味。

→ recipe P.54

17 香蕉巧克力餅乾塔

香蕉配巧克力，
堪稱最強美味組合。

→ recipe P.55

18 夏威夷風味餅乾塔

充滿陽光氣息的鳳梨搭配椰子，
揮灑南國風情。

→ recipe P.55

19 季節水果餅乾塔

以豆腐奶油醬和水果裝飾，
完全不費工夫的美味餅乾塔。

→ recipe P.56

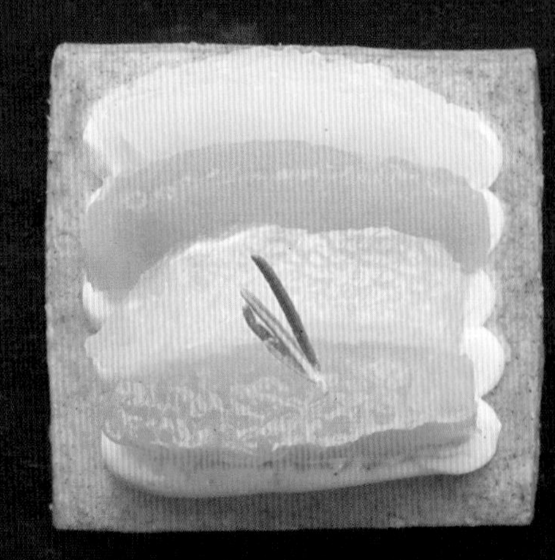

20 洋蔥餅乾塔

洋蔥俐落爽快的甜搭配
餅乾塔的酥脆感，超新鮮。

→ recipe P.58

21 洋芋片餅乾塔

炒過馬鈴薯的橄欖油，
讓餅乾塔更有個性。

→ recipe P.59

22 蘑菇餅乾塔

起司風味的餅乾塔和蘑菇超搭，
很適合當輕食或葡萄酒的下酒菜。

→ recipe P.59

11 基本瑪芬
藍莓瑪芬的作法

雖然材料很陽春，但加了甜酒後，不但有溫和的濃郁，而且烤色更漂亮。
要做出蓬鬆的瑪芬，訣竅就是「快速」。龜速就蓬不起來了。
開始攪拌後就要盡快完成一切步驟，送入烤箱。

◎材料（直徑 7cm × 6 個）

A 低筋麵粉…180 g
　泡打粉…9 g
　蘇打粉…1 g

B 豆漿…140 g
　菜籽油…45 g
　甜菜糖…40 g
　楓糖漿…30 g
　甜酒…20 g
　香草酒…5 g

藍莓果醬…3 大匙

頂部配料
　藍莓、罌粟籽…適量

◎事前準備

- 將粉篩放進調理盆中，再放入 A，秤好分量。另取一個調理盆放入 B，秤好分量。
- 瑪芬模具中鋪好瑪芬紙杯。

- 烤箱預熱至 190℃。

◎作法

1 混合材料

將 A 的粉類過篩（a）。將 B 攪拌到看不見砂糖粒，然後整個放入 A 的調理盆中（b）。

2 攪拌→放入果醬

用橡皮刮刀將 **1** 從底部快速切拌上來，不要搓揉。切拌到沒有粉狀物以後，將麵糊輕輕整理成一團（c）。將果醬一大匙一大匙放進去，放在 3 個地方（d）。

3 放入模具中

用湯匙舀起麵糊和果醬，快速平均地放入模具中（e）。

4 放上頂部配料

將藍莓放在 **3** 上面，再撒上罌粟籽（f）。

5 烘烤

用 190℃的烤箱烘烤 20 分鐘。烤好後拿出來，不脫模直接放涼（g）。

a

b

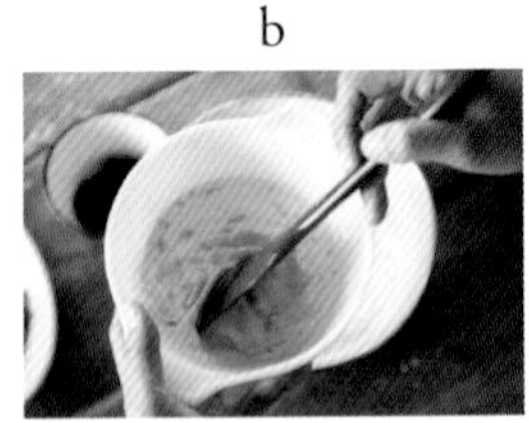

c

d

e

f

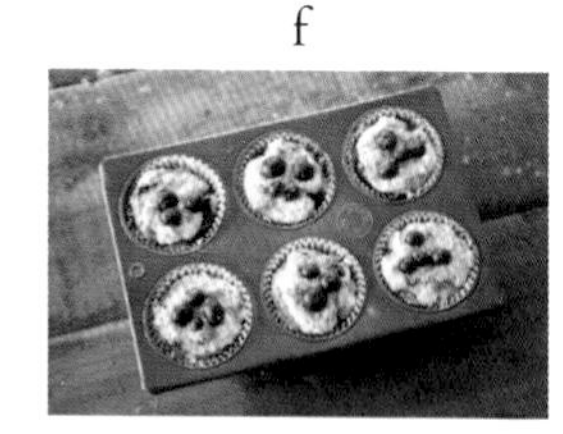

g

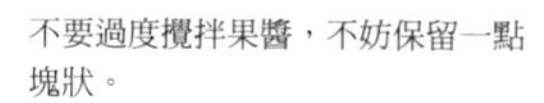

不要過度攪拌果醬，不妨保留一點塊狀。

烤好後如果乾巴巴的，就蓋上廚房紙巾，再用保鮮膜鬆鬆地包覆住，然後放涼，這樣就會變濕潤了。

12 草莓椰子瑪芬的作法

將新鮮草莓拌入麵糊中再送進烤箱，
因此吃起來有鮮嫩多汁的感覺，超特別。
放上椰絲粉更滑潤。

◎材料（直徑 7cm × 6 個）

A　低筋麵粉…180 g
　　泡打粉…9 g
　　蘇打粉…1 g
B　豆漿…140 g
　　菜籽油…45 g
　　甜菜糖…40 g
　　楓糖漿…30 g
　　甜酒…20 g
　　香草酒…5 g
　　草莓…8 顆
草莓果醬…3 大匙
頂部配料
　　草莓、椰絲粉…適量

◎事前準備

- 將粉篩放進調理盆中，再放入 A，秤好分量。另取一個調理盆放入 B，秤好分量。
- 將要放入麵糊中的 8 顆草莓切成 1cm 小丁，將當作頂部配料的草莓縱向對半切開。

- 瑪芬模具中鋪好瑪芬紙杯。
- 烤箱預熱至 190℃。

◎作法

1. 同〈11 藍莓瑪芬〉的要領製作麵糊。
   ※ 切成小丁的草莓放入麵糊中。
2. 將頂部配料用的草莓放在裝入模具中的麵糊上面，再撒上椰絲粉。
3. 用 190℃的烤箱烘烤 20 分鐘。烤好後拿出來，不脫模直接放涼。

13 柳橙巧克力瑪芬的作法

可可＆巧克力濃郁的甜味，
與柳橙皮的酸味極搭。
烘烤時，柳橙圓片會阻礙麵糊受熱，
因此不要切得太厚。

◎材料（直徑 7cm × 6 個）

A　低筋麵粉…150 g
　可可粉…30 g
　泡打粉…9 g
　蘇打粉…1 g
B　豆漿…145 g
　菜籽油…70 g
　甜菜糖…40 g
　楓糖漿…35 g
　柳橙皮…15 g（切成約 3mm）
　巧克力…35 g（切碎）
頂部配料
　柳橙圓片…6 片份

◎事前準備
- 將粉篩放進調理盆中，再放入 A，秤好分量。另取一個調理盆放入 B，秤好分量。
- 柳橙切成厚 3 ～ 4mm 的圓片。

- 瑪芬模具中鋪好瑪芬紙杯。
- 烤箱預熱至 190℃。

◎作法
1. 將 A 的粉類過篩。將 B 攪拌到看不見砂糖粒，然後整個放入 A 的調理盆中。
2. 用橡皮刮刀將 **1** 從底部快速切拌上來，不要搓揉。切拌到沒有粉狀物以後，將麵糊輕輕整理成一團。
3. 用湯匙舀起麵糊，快速平均地放入瑪芬模具中。※**1** ～ **3** 的麵糊作法同 P.50 ～ 51 的要領。
4. 將柳橙圓片放在裝入模具中的麵糊上面。
5. 用 190℃的烤箱烘烤 20 分鐘。烤好後拿出來，不脫模直接放涼。

14 檸檬紅茶瑪芬的作法

上面那片檸檬的果汁
完全融入摻了紅茶的麵糊中。
檸檬片撒上砂糖再放上去的話，
不但更艷麗，酸味也更柔和。

◎材料（直徑 7cm × 6 個）

A　低筋麵粉…180 g
　泡打粉…9 g
　蘇打粉…1 g
　伯爵茶的茶葉…2 g
B　豆漿…140 g
　菜籽油…45 g
　甜菜糖…40 g
　楓糖漿…30 g
　甜酒…20 g
頂部配料
　檸檬圓片…6 片

◎事前準備
- 將粉篩放進調理盆中，再放入 A，秤好分量。另取一個調理盆放入 B，秤好分量。
- 檸檬切成厚 3 ～ 4mm 的圓片。

- 瑪芬模具中鋪好瑪芬紙杯。
- 烤箱預熱至 190℃。

◎作法
1. 同〈13 巧克力柳橙瑪芬〉的要領製作麵糊。
2. 將檸檬圓片放在裝入模具中的麵糊上面。
3. 用 190℃的烤箱烘烤 20 分鐘。烤好後拿出來，不脫模直接放涼。

15 南瓜焦糖瑪芬的作法

這款分量與營養都十分充足的瑪芬，很適合當早餐。
用地瓜做也很對味。

◎材料（直徑 7cm × 6 個）

A　低筋麵粉…180 g
　　泡打粉…9 g
　　蘇打粉…1 g
B　豆漿…140 g
　　菜籽油…45 g
　　甜菜糖…40 g
　　楓糖漿…30 g
　　甜酒…20 g
　　南瓜…1/8 個
* 焦糖碎片…適量
頂部配料
　　南瓜…1/8 個
　　南瓜籽…適量

◎事前準備

- 將粉篩放進調理盆中，再放入 A，秤好分量。另取一個調理盆放入 B，秤好分量。
- 南瓜蒸好，切好。
  材料 B 的 1/8 個切成 1cm 小丁；頂部配料中的 1/8 個切成厚 5mm，再對半切開。

- 做好焦糖碎片。
- 瑪芬模具中鋪好瑪芬紙杯。
- 烤箱預熱至 190℃。

◎作法

1. 將 A 的粉類過篩。將 B 攪拌到看不見砂糖粒，然後整個放入 A 的調理盆中。
2. 用橡皮刮刀將 **1** 從底部快速切拌上來，不要搓揉。切拌到沒有粉狀物以後，放入焦糖碎片，大致攪拌一下。
3. 用湯匙舀起麵糊，快速平均地放入瑪芬模具中。
   ※**1** ～ **3** 的麵糊作法同 P.50 ～ 51 的要領。
4. 將南瓜和南瓜籽放在裝入模具中的麵糊上面。
5. 用 190℃的烤箱烘烤 20 分鐘。烤好後拿出來，不脫模直接放涼。

* 焦糖碎片的作法

1. 鍋中放入甜菜糖 50g、水 1 大匙，以中火加熱，煮至喜歡的金黃色。在煮至接近喜歡的顏色時離火，用餘熱讓顏色變深。放在濕抹布上讓鍋底冷卻，以免燒焦（a）。
2. 變濃稠後，倒在烘焙紙上，放涼（b）。
3. 用烘焙紙包起來，再用手扒碎（c）。不馬上使用的部分就連同乾燥劑裝入密封袋中，再放進冰箱冷藏（d）。

☆除了瑪芬，也可用於餅乾、司康餅、鬆餅等各式點心中。

a

顏色淡的話，甜味明顯；顏色深的話，會變成甜中帶苦。

b-1 → b-2

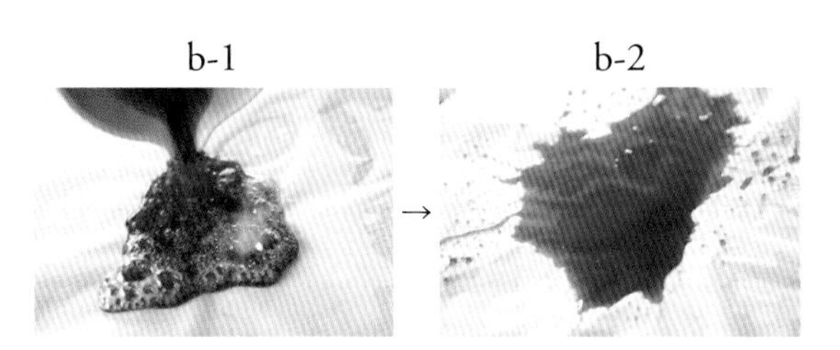

c-1

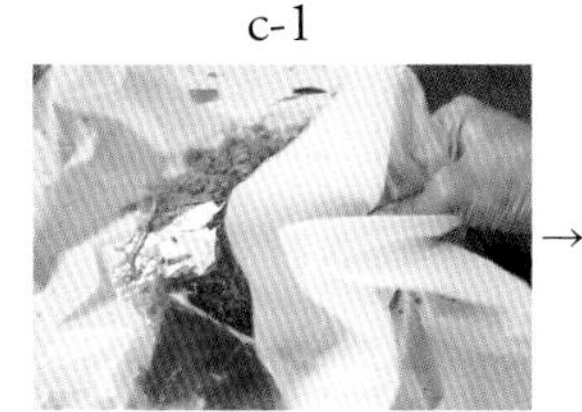

→ c-2

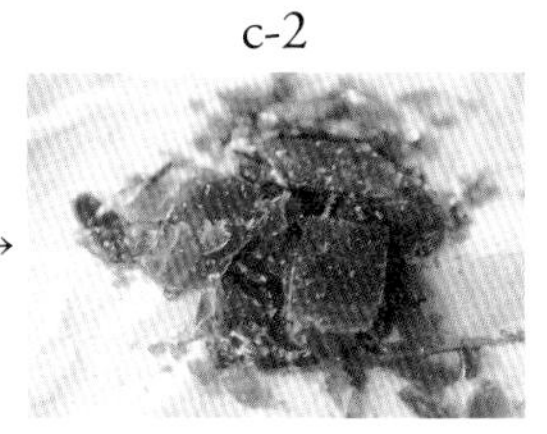

d

16 基本餅乾塔
蘋果肉桂餅乾塔的作法

當我教人做這款餅乾塔時，
總會聽到「塔皮的作法這麼簡單啊！」的驚呼聲。
蘋果會加熱一次，因此任何品種都能做得很美味。

◎材料（直徑 7cm × 6 個）

A　低筋麵粉…150 g
　　杏仁粉…15 g
　　泡打粉…3 g
菜籽油…60 g
楓糖漿…40 g
* 蘋果肉桂…1 又 1/2 個份

◎事前準備

- 調理盆中放入 A，秤好分量。
- 做好蘋果肉桂。
- 烤箱預熱至 180℃。

* 蘋果肉桂的作法

1. 蘋果去掉果核，帶皮切成厚 1cm 的月牙形。
2. 平底鍋中倒一層薄薄的菜籽油，炒蘋果，再放入 1/2 小匙的甜菜糖，繼續炒。
3. 炒軟後撒上適量的肉桂，再拿到平底方盤上。

◎作法

1 將油揉進粉類中

將菜籽油放入裝有 A 粉類的調理盆中，搓揉，讓油均勻散布在粉類中（a）。

2 將麵團整理成一團

將楓糖漿放入 **1** 中（b），用刮板（若沒有就用橡皮刮刀）切拌（c）。切拌到沒有粉狀物以後，將麵團整理成一團（d）。

3 擀麵皮

用擀麵棍將 **2** 的麵團擀成 1cm 厚。

4 用模具切割

用模具將麵皮切割出來（e），然後排在烘焙紙上。

5 烘烤

用 180℃的烤箱烘烤 20 分鐘（f）。

6 放上頂部配料→再烤一次

從烤箱拿出來，將蘋果肉桂放在塔皮上（g）。再次放回烤箱中，同樣用 180℃烘烤 10 ～ 15 分鐘。烤好後放在烤盤上冷卻（h）。

☆這款蛋塔和水果很搭，可以多做變化。無花果、洋梨、柑橘類都是不錯的選擇。

a

b

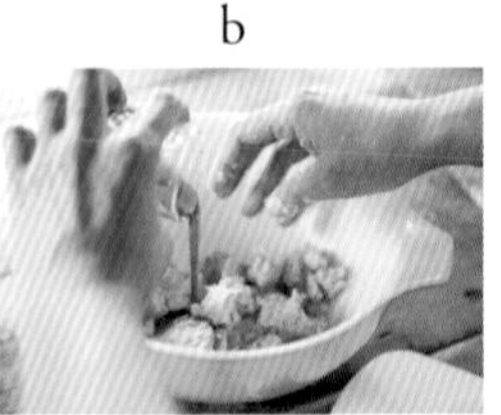

c

d

e

將麵團夾進左右兩邊已經剪開的冷凍保鮮袋（P.7 圖 A）中間，這樣會比較容易進行。

f

這時候塔皮的烘烤程度大約是 7 ～ 8 成。

g

每一片塔皮上放 4 ～ 5 片蘋果肉桂，放得漂漂亮亮的。

h

17 香蕉巧克力餅乾塔的作法

巧克力的濃郁風味，讓人覺得完全不像是用植物性素材做的。
頂部配料中加了椰子和杏仁片，更顯華麗。

◎材料（直徑 7cm × 6 個）

A　低筋麵粉…150 g
　　杏仁粉…15 g
　　泡打粉…3 g
　　巧克力…30 g（切碎）
菜籽油…60 g
楓糖漿…40 g
香蕉…2 根
可可碎粒…適量

◎事前準備

- 調理盆中放入 A，秤好分量。
- 將香蕉切成厚 3 ～ 4mm 的薄片。

斜切會比較好看。

- 烤箱預熱至 180℃。

◎作法

1. 同〈16 蘋果肉桂餅乾塔〉**1 ～ 5** 的要領製作餅乾塔皮。
2. 將 **1** 從烤箱拿出來，然後將香蕉和可可碎粒放在塔皮上。
3. 再次放回烤箱中，同樣用 180℃烘烤 10 ～ 15 分鐘。烤好後放在烤盤上冷卻。

18 夏威夷風味餅乾塔的作法

鳳梨的甜，再加上椰絲粉圓潤的滋味。
搭配塔皮的豪邁感，顯得熱情有勁。

◎材料（直徑 7cm × 6 個）

A　低筋麵粉…150 g
　　椰絲粉…30 g
　　杏仁粉…15 g
　　泡打粉…3 g
菜籽油…65 g
楓糖漿…40 g
鳳梨…6 ～ 7 片（切成圓片的罐頭鳳梨）

從罐頭中拿出來，放在盤中瀝乾。

◎事前準備

- 調理盆中放入 A，秤好分量。
- 將鳳梨瀝乾。
- 烤箱預熱至 180℃。

◎作法

1. 同〈16 蘋果肉桂餅乾塔〉**1 ～ 5** 的要領製作餅乾塔皮。
2. 將 **1** 從烤箱拿出來，然後將鳳梨放在塔皮上。
3. 再次放回烤箱中，同樣用 180℃烘烤 10 ～ 15 分鐘。烤好後放在烤盤上冷卻。

19 奶油頂部配料
季節水果餅乾塔的作法

烘烤出一些作法超簡單的塔皮，
再放上幾種季節性水果，就是款待聖品了！

◎材料（容易製作的分量）

A　低筋麵粉…150 g
　　杏仁粉…15 g
　　泡打粉…3 g
菜籽油…60 g
楓糖漿…40 g
豆腐卡士達醬…適量（參考 P.60）
季節水果…適量
　　草莓、香蕉、葡萄、鳳梨、
　　洋梨、柑橘類等
** 果膠（製造光澤）…適量（沒有也 OK）

◎事前準備

・調理盆中放入 A，秤好分量。
・將頂部配料的水果切成容易入口的大小。
・柳橙和葡萄柚等柑橘類水果先 * 一瓣一瓣剝好。
・** 做好果膠。
・烤箱預熱至 180℃。

◎作法

1 將菜籽油放入裝有 A 粉類的調理盆中，搓揉，讓油均勻散布在粉類中。
2 將楓糖漿放入 1 中，用刮板（若沒有就用橡皮刮刀）切拌。切拌到沒有粉狀物以後，將麵團整理成一團。
3 用擀麵棍將 2 的麵團擀成 5mm 厚。
※ 要放上水果和奶油醬，因此麵皮要薄。
4 用圓形模具將麵皮切割出來，再用刀切成四方形，然後排在烘焙紙上。
※1 ～ 4 同 P.54 ～ 55 的要領。
5 用 180℃的烤箱烘烤 20 ～ 30 分鐘。烤好後放在烤盤上冷卻。
6 將豆腐卡士達醬放在 5 的塔皮上，再放上喜歡的水果當裝飾（P.57 a、b）。隨個人喜好淋上果膠。

☆塔皮和奶油醬融合後會更美味，因此建議在享用前 3 小時製作完成。

＊切柑橘類水果（一瓣一瓣切下來）的方法

1 將首尾切掉（a）。
2 沿著曲線用刀切進白色部分和果肉之間，將皮切下來（b）。
3 如果還殘留皮的白色部分，就再切下來，全部切乾淨。
4 將刀子劃進每一瓣的連接處（c），然後朝中央切進去，將一瓣的果肉分離出來（d）。
5 依序將果肉一瓣一瓣切出來，就能切得很漂亮了（e）。

☆一定要用鋒利的小水果刀！

☆用擠花袋擠上奶油醬的〈葡萄柚餅乾塔〉

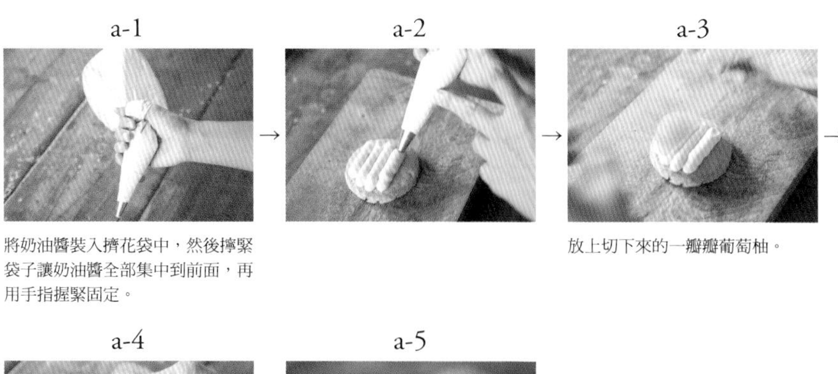

將奶油醬裝入擠花袋中，然後擰緊袋子讓奶油醬全部集中到前面，再用手指握緊固定。

放上切下來的一瓣瓣葡萄柚。

a-4

a-5

☆用湯匙舀上奶油醬的〈洋梨餅乾塔〉

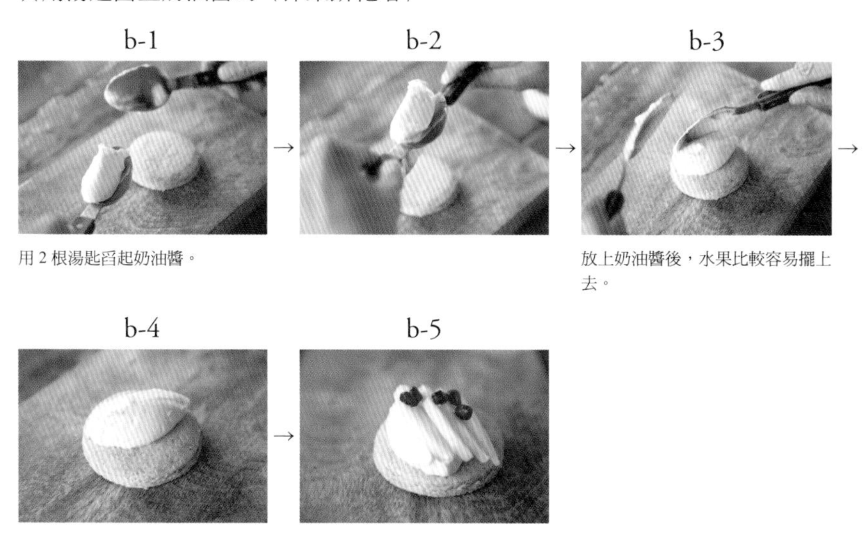

用 2 根湯匙舀起奶油醬。

放上奶油醬後，水果比較容易擺上去。

b-4

b-5

** 果膠的作法

1 鍋中放入蘋果汁（透明）175g、葛粉 7g、寒天 0.5g，以中火煮沸。
2 攪拌 1，整個出現透明感後，熄火。
3 冷卻至常溫後再使用（冰起來會變硬，因此不可放入冰箱）。

☆果膠的作用是呈現光澤並固定水果。沒有也無妨，但淋上果膠會顯得更高級。

20~22 菜餚餅乾塔〈菜餚餅乾塔麵團〉的作法

不甜的菜餚系餅乾塔。放入酒粕和鹽麴這類發酵食材，
再放一點鹽巴增加風味，這樣的餅乾就和丼飯的白飯一樣，
具有襯托出上面食材的作用。蔬菜和蘑菇的美味滲入後，便是一道配飯佳餚。

◎材料（約 8 × 4cm 長方形 6 片）

A 低筋麵粉…150 g
　酒粕…50 g
　杏仁粉…15 g
　泡打粉…3 g
　鹽…2 g
菜籽油…60 g
B 豆漿…20 g
　鹽麴…1 小匙

◎事前準備

- 調理盆中放入 A，秤好分量。
  另取一個調理盆放入 B，秤好分量。
- 烤箱預熱至 180℃。

◎作法

1. 用手將 A 的粉類攪散，將酒粕塊弄碎。拌勻後放入菜籽油，搓揉，讓油均勻散布在粉類中。
2. 將 B 放入 **1** 的調理盆中，用刮板切拌。切拌到沒有粉狀物以後，將麵團整理成一團。
3. 用擀麵棍將 **2** 的麵團擀成 1cm 厚。
4. 用圓形模具將麵皮切割出來，再用刀切成四方形，然後排在烘焙紙上。
5. 用 180℃的烤箱烘烤 20 分鐘。

※**1** ～ **5** 同 P.54 的要領。

20 洋蔥餅乾塔的作法

尤其洋蔥盛產的時節沒道理不做這道佳餚。
將豆漿美乃滋放在夠分量的洋蔥圓片上面，盡情享用。

◎材料

餅乾塔麵團…適量
　同〈菜餚餅乾塔麵團〉的材料
紅洋蔥…適量
鹽、橄欖油…適量
豆漿美乃滋…喜歡的分量（參考 P.61）

◎事前準備

- 同〈菜餚餅乾塔麵團〉的事前準備事項。
- 將紅洋蔥切成厚 3 ～ 4mm 的圓薄片，然後用菜籽油稍微煎一下。
  如果要直接使用新鮮洋蔥，就切得更薄一些。

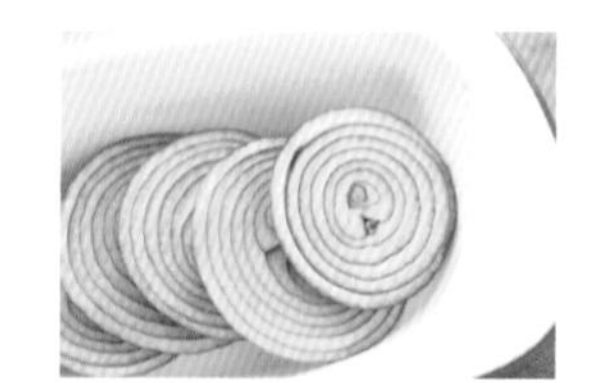

◎作法

1. 同〈菜餚餅乾塔麵團〉的要領製作餅乾塔皮。
2. 將 **1** 從烤箱拿出來，然後將洋蔥放在塔皮上，撒一點鹽巴和橄欖油。再次放回烤箱中，同樣用 180℃烘烤 10 ～ 15 分鐘。烤好後放在烤盤上冷卻。

21 洋芋片餅乾塔的作法

喜歡鬆軟的感覺就將馬鈴薯切厚一點，喜歡酥脆的感覺就切薄一點，
切法不同，口感便不同。如果是當季的馬鈴薯，還能品味到季節好風味。

◎材料
餅乾塔麵團…適量
　同〈菜餚餅乾塔麵團〉的材料
馬鈴薯…適量

◎事前準備
・同〈菜餚餅乾塔麵團〉的事前準備事項。
・將小型馬鈴薯切成厚 5mm 的薄片，然後用橄欖油稍微煎一下，撒上胡椒鹽。

◎作法
1 同〈菜餚餅乾塔麵團〉的要領製作餅乾塔皮。
2 將 1 從烤箱拿出來，然後將馬鈴薯放在塔皮上。再次放回烤箱中，同樣用 180℃烘烤 10 ～ 15 分鐘。烤好後放在烤盤上冷卻。

☆用地瓜或蓮藕來做也很對味。

22 蘑菇餅乾塔的作法

放新鮮的蘑菇下去烤會縮起來，因此先稍微煎一下，
再放於餅乾塔上，就會鮮嫩多汁。

◎材料
餅乾塔麵團…適量
　同〈菜餚餅乾塔麵團〉的材料
蘑菇…適量
裝飾用的義大利巴西里…少許

◎事前準備
・同〈菜餚餅乾塔麵團〉的事前準備事項。
・將喜歡的蘑菇（這裡使用舞菇 1/2 包、鴻喜菇 1/2 包）用菜籽油稍微炒一下，再用鹽麴調味。

◎作法
1 同〈菜餚餅乾塔麵團〉的要領製作餅乾塔皮。
2 將 1 從烤箱拿出來，然後將蘑菇放在塔皮上。再次放回烤箱中，同樣用 180℃烘烤 10 ～ 15 分鐘。烤好後放在烤盤上冷卻。再隨喜好放上義大利巴西里當裝飾。

豆腐奶油醬

用豆腐做的奶油醬雖然很健康，
瀝乾水分這件事卻很麻煩，
於是我想出用鍋子煮這個方法。
善加利用手持式電動攪拌器，
不但省事，而且味道更讚。

◎材料（容易製作的分量）
豆腐…1 塊（450 g）
楓糖漿…80 g
蘋果汁…70 g
菜籽油…55 g
葛粉、寒天粉…各 5 g

◎作法
1 鍋中放入所有材料，以中火加熱（a）。
煮沸後邊用橡皮刮刀攪拌邊繼續煮（b）。
2 材料都煮熟後，用果汁機或手持式電動攪拌器打至呈滑順狀態。
3 將 **2** 放在冰水盆或是冷藏庫中，使之冷卻凝固後，再次攪拌。

※ 建議不要用玻璃製的調理盆，而用容易導熱的金屬製調理盆。
※ 可冷藏保存約 1 週（最佳賞味期限是 3 ～ 4 天）。
保存時，必須用保鮮膜緊密地蓋在奶油醬上面。

a

b

豆腐卡士達醬

用薑黃製造出一點卡士達醬的顏色。
你絕對想不到是用豆腐做的。

◎材料（容易製作的分量）
豆腐…1 塊（450 g）
楓糖漿…80 g
蘋果汁…70 g
菜籽油…55 g
葛粉、寒天粉…各 5 g
薑黃…3 小撮
香草籽…1/2 根
蘭姆酒…1 小匙

◎作法
1 在〈豆腐奶油醬〉作法 **1** 中，放入薑黃、香草，以同樣要領製作。
2 同〈豆腐奶油醬〉作法 **2** 的要領製作。在作法 **3** 冷卻之前放入蘭姆酒，再以同樣要領製作。

※ 可冷藏保存約 1 週（最佳賞味期限是 3 ～ 4 天）。

椰子奶油醬

用沒有香味的椰子油製作，
就可以和各種味道互相搭配。
口感輕盈、質地細緻，
是裝飾上不可或缺的奶油醬。
但很容易融化，因此夏天並不適合。

◎材料（容易製作的分量）
椰子油（無香味）…100 g
豆漿…40 ～ 50 g
糖粉（甜菜糖）…50 g

◎作法
1 調理盆中放入所有材料，隔水加熱，使之融化（a）。
2 待融化後，將調理盆放在冰水中，攪拌到泛白為止。
3 開始變硬後，將調理盆從冰水中拿出來，用打蛋器打至完全乳化為止（b）。

※「從冰水中拿出來→攪拌」就不會一下變得冷冰冰，比較容易打到乳化。
※ 水分要是分離了，或是整個變得太硬，就再加熱融化，從頭開始做起。

4 打到蓬蓬鬆鬆後，放在常溫中備用。冰起來會變得乾巴巴，因此如果要馬上吃，放在常溫中就好。

※ 如果連續做失敗，就多放 10 ～ 20g 的椰子油，讓它比較穩定（最後奶油醬的口感會偏硬一些）。
※ 可冷藏保存約 1 週（最佳賞味期限是 3 ～ 4 天）。冰起來以後會變得乾巴巴，必須融化後再使用。

a

b
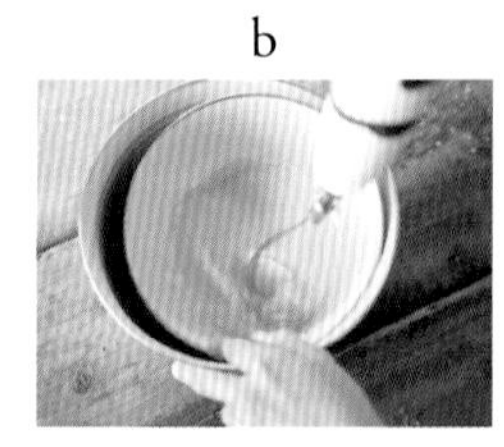

豆漿奶油醬

用豆漿做的奶油醬，沒有豆腐奶油醬那樣的豆腐味，
效果與鮮奶油不相上下。
但這款奶油醬的油分偏多，適合用於紀念日蛋糕的裝飾，
一般點心的話，還是建議使用樸素的豆腐奶油醬。

◎材料（容易製作的分量）
豆漿…200 g
菜籽油…270 g
甜菜糖…40 g
檸檬汁…8 g

◎作法

1 將所有材料放入果汁機中攪拌，或是放入調理盆中用手持式電動攪拌器攪拌，使之完全乳化（a）。

※ 前一天做好，放入冷藏庫中冰一晚，會比較容易使用。奶油醬的水分要是分離了，使用前用橡皮刮刀大致攪拌一下即可。
※ 可冷藏保存約 1 週（最佳賞味期限是 3 ～ 4 天）。

a-1

→

a-2

豆漿卡士達醬

和豆腐奶油醬一樣，
也可從豆漿奶油醬變化成豆漿卡士達醬。
用量少的話，這種作法可以簡單完成，非常方便。

◎材料（容易製作的分量）
豆漿…200 g
菜籽油…270 g
甜菜糖…40 g
檸檬汁…8 g
薑黃…2 小撮
香草籽…1/3 根份
蘭姆酒…1 小匙

◎作法

1 將所有材料放入果汁機中攪拌，或是放入調理盆中用手持式電動攪拌器攪拌，使之完全乳化。

※ 前一天做好，放入冷藏庫中冰一晚，會比較容易使用。
※ 可冷藏保存約 1 週（最佳賞味期限是 3 ～ 4 天）。

豆漿美乃滋

這是我家常用的美乃滋。不但可用於沙拉，
也可當脆餅的沾醬，
也可抹在菜餚系餅乾塔上。
可隨喜好放點芥末粒增添風味。

◎材料（容易製作的分量）
豆漿…120 g
菜籽油…170 g
檸檬汁…15 g
米醋…5 g
鹽…4 g
芥末粒…1 小匙

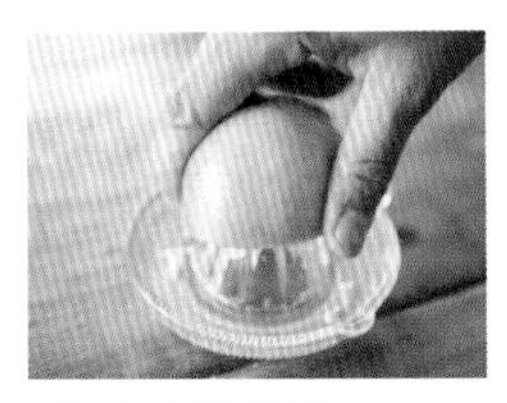

建議用現榨的檸檬汁。

◎作法

1 將所有材料放入果汁機中攪拌，或是放入調理盆中用手持式電動攪拌器攪拌，使之完全乳化。

※ 可隨喜好加一點甜菜糖以增加甜味。
※ 可冷藏保存約 1 週（最佳賞味期限是 3 ～ 4 天）。

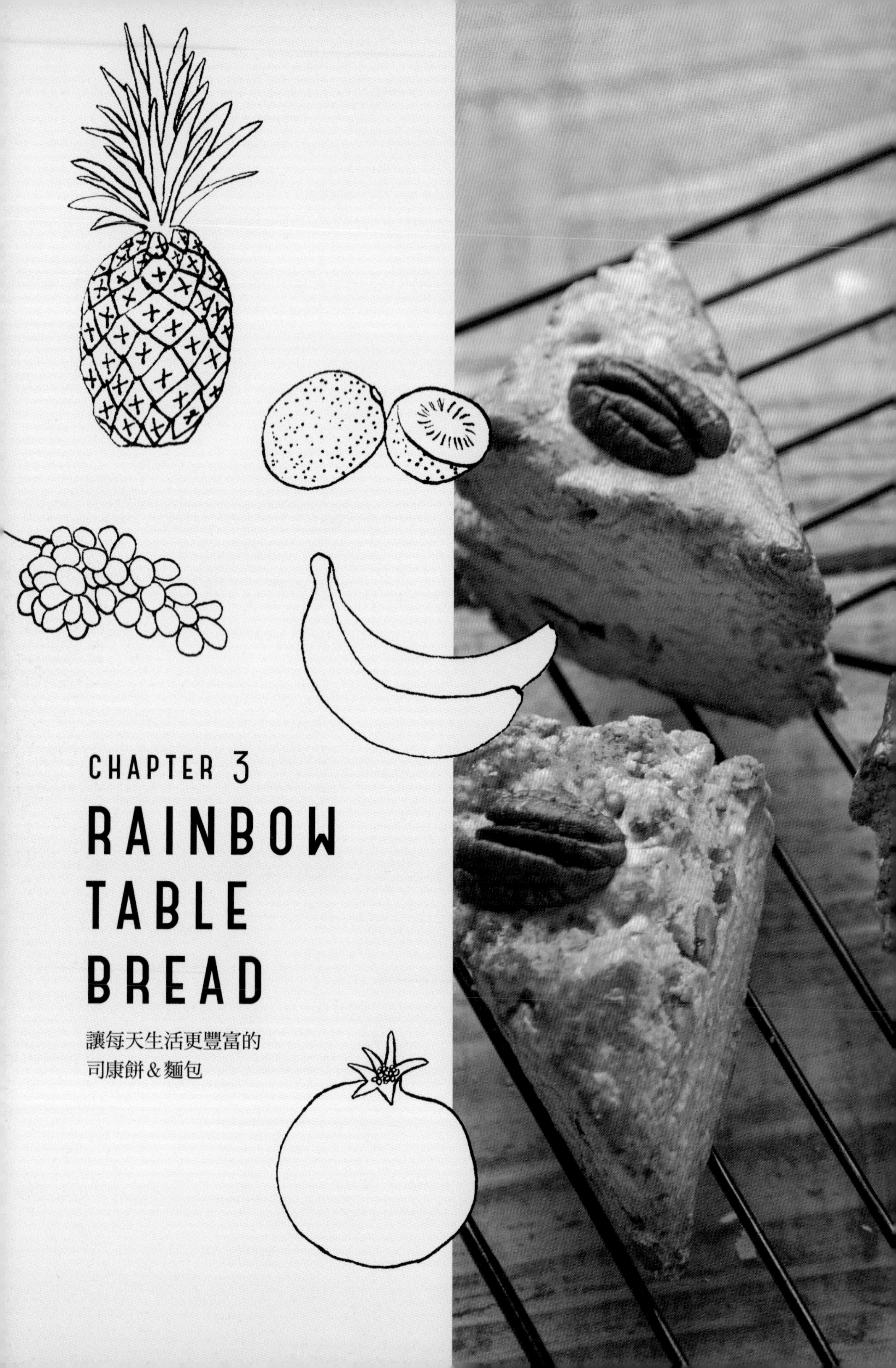

CHAPTER 3

RAINBOW TABLE BREAD

讓每天生活更豐富的
司康餅＆麵包

24 蔓越莓甜酒司康餅

微甜的莓果中，
加了甜酒與鹽麴的濃郁而口感濕潤。

→ recipe P.67

23 黑糖堅果甜酒司康餅

以黑糖加甜酒做成和風基底，
堅果的芳香成為亮點！

→ recipe P.66

25 草莓奶昔

以春天的粉紅草莓為主角，
可口又吸睛的雙層冰沙。

→ recipe P.68

26 藍莓奶昔

藍莓加香蕉，
配色好優雅。

→ recipe P.68

27 鮮綠奶昔

適合搭配甜麵包，
綠意盎然的奶油。

→ recipe P.68

28 肉桂甜酒司康捲

繞圈圈的肉桂糊，
讓司康餅的味道和表情都生動起來。

→ recipe P.69

23 基本甜酒司康餅
黑糖堅果甜酒司康餅的作法

這是我最常做的司康餅，甜酒與黑糖的甜味怡人。
要製作這種外酥內軟的口感，
訣竅和瑪芬一樣，就是動作快。
每個產地的黑糖都獨具個性，請多加嘗試。

◎材料（6 個）

A　低筋麵粉…250 g
　泡打粉…7 g
　蘇打粉…1 g
B　菜籽油…70 g
　黑糖…40 g
　豆漿…35 g
　甜酒…30 g
　鹽麴…1/4 小匙
長山核桃…40 g ＋頂部配料用 6 顆

◎事前準備
- 將粉篩放進調理盆中，再放入 A，秤好分量。
  另取一個調理盆放入 B，秤好分量。
- 長山核桃 40g 切成粗粒。

- 烤箱預熱至 180℃。

◎作法

1 混合材料

將 A 的粉類過篩（a）。將 B 攪拌到黑糖完全溶化呈現無結粒狀態為止，然後整個放入 A 的調理盆中（b）。

2 製作麵團

用刮板（或橡皮刮刀）快速切拌 **1**，不要搓揉（c）。切拌到殘留一點粉狀物後，重複 3 次「對半切開→重疊→按壓」的動作（d）。

3 成形

將 **2** 輕輕整理成一團後，用擀麵棍擀成 18 × 6cm 的長方形（e）。

4 切割

切掉邊緣，然後用刀畫好記號，切成 3 等分（6 × 6cm 的正方形），再分別沿對角線對半切開，一共切出 6 個三角形（f）。

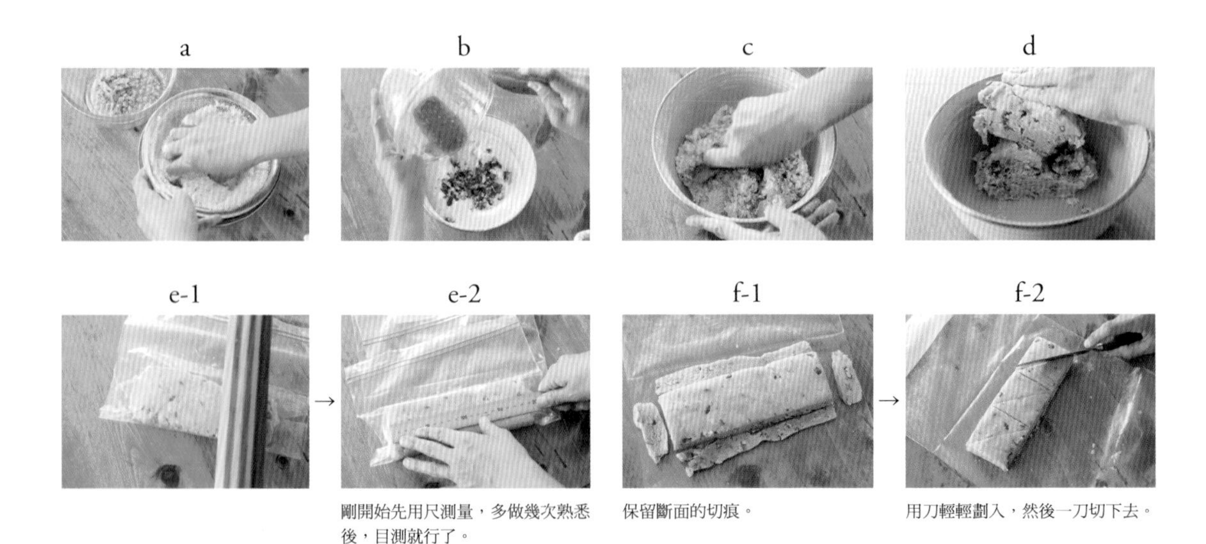

e-2：剛開始先用尺測量，多做幾次熟悉後，目測就行了。
f-1：保留斷面的切痕。
f-2：用刀輕輕劃入，然後一刀切下去。

5 塗上豆漿

將 **4** 排進烘焙紙上，然後在表面塗上豆漿（分量外，適量）。放上頂部配料的長山核桃，用手指輕壓，使之與麵團相黏（g）。

6 烘烤

用 180℃的烤箱烘烤 20 分鐘。烤好後取出放在涼架上。

☆除了長山核桃，也可放入一般核桃、澳洲胡桃，享受不同的口感。

g-1

→

g-2

↙

g-3

也可放上豆漿奶油醬（P.61）或果醬等。

24 蔓越莓甜酒司康餅的作法

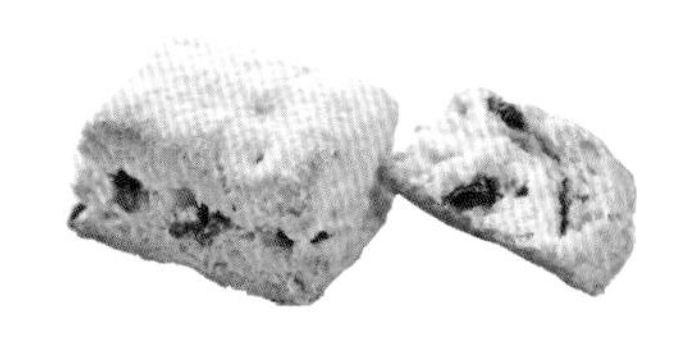

只要材料事先備好，即便是忙碌的早晨，也能花不到 30 分鐘就吃到剛出爐的司康餅。沒有鹽麴也 OK，但放了滋味會更濃郁，請務必試試！

◎材料（6 個）

A　低筋麵粉…250 g
　　泡打粉…7 g
　　蘇打粉…1 g
B　菜籽油…70 g
　　甜菜糖…30 g
　　豆漿…35 g
　　甜酒…30 g
　　鹽麴…1/4 小匙
蔓越莓、核桃…適量

◎事前準備

- 將粉篩放進調理盆中，再放入 A，秤好分量。另取一個調理盆放入 B，秤好分量。
- 核桃稍微烤一下，切碎。
- 烤箱預熱至 180℃。

◎作法

1. 同〈23 黑糖堅果甜酒司康餅〉的要領製作麵團。
2. 將 **1** 輕輕整理成一團後，用擀麵棍擀成 15 × 12cm。
3. 切掉 **2** 的 4 個邊，然後縱向切成 2 等分，再橫向切成 3 等分，切成四方形（a）。
4. 將 **3** 排進烘焙紙上，然後用手指在表面塗上豆漿（分量外，適量）。
5. 用 180℃的烤箱烘烤 20 分鐘。烤好後取出放在涼架上。

☆除了蔓越莓，也可放入杏子等果乾、巧克力、焦糖碎片等。

a

斷面要切得漂亮。

MORE POINT

◎美味麵團的祕密武器是「泡打粉×蘇打粉」……

泡打粉會立刻對水分起反應，因此動作要快。慢吞吞的話就膨脹不起來了。蘇打粉要加熱才會起反應，因此製作烤製點心時，可用蘇打粉來幫泡打粉助陣，而且烤色會更漂亮。只加一點點蘇打粉，就能讓麵團烤得酥酥脆脆。

彩色奶昔

25 草莓奶昔的作法

雙色奶昔的製作關鍵在濃度。
濃重的放下面，輕滑的放上面，這樣就不易混在一起了。
不過，用力倒入的話還是很容易相混，須注意。

◎材料（250ml 的玻璃杯）

A　香蕉…1 根（約 100 g）
　　水…40 g
　　奇異果…30 g
B　草莓…15 g
　　香蕉…1/2 根
　　水…20 g
裝飾用的檸檬圓片、草莓小丁…少許

◎作法

1 將 A 放入果汁機中攪拌。
2 將檸檬圓片放入玻璃杯的側面，倒入 **1**。
3 將 B 放入果汁機中攪拌，然後慢慢倒入 **2** 中。隨喜好放上草莓當裝飾。

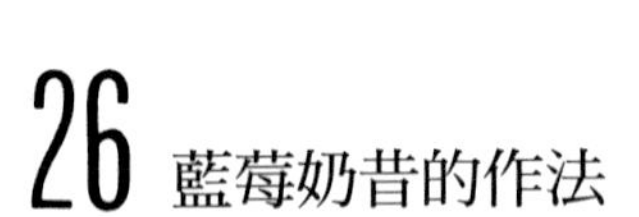

26 藍莓奶昔的作法

可只放一種藍莓，也可放上各種莓果。

◎材料（250ml 的玻璃杯）

A　香蕉…1 根（約 100 g）
　　水…40 g
　　藍莓…30 g
B　香蕉…1 根
　　水…40 g
裝飾用的藍莓…少許

◎作法

1 將 A 放入果汁機中攪拌，倒入玻璃杯中。
2 將 B 放入果汁機中攪拌，然後慢慢倒入 **1** 中。隨喜好放上藍莓當裝飾。

27 鮮綠奶昔的作法

以甜麵包當早餐時，可以用這款奶昔取代沙拉，依然營養均衡。
除了菠菜，也可用高麗菜、西洋芹、茼蒿、香草等新鮮的綠色時蔬來製作。

◎材料（250ml 的玻璃杯）

A　香蕉…1 根（約 100g）
　　水…40 g
　　菠菜等綠色蔬菜…15 g
裝飾用的香草…少許

◎作法

1 將 A 放入果汁機中攪拌，倒入玻璃杯中。隨喜好放上香草當裝飾。

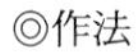

28 甜醋司康餅的變化版 肉桂甜酒司康捲的作法

一刀切開，呈現漂亮的漩渦模樣。
切口不太會膨脹，因此不要去碰它。
可隨喜好放入葡萄乾或核桃。

◎材料（6 個）

A　低筋麵粉…250 g
　　泡打粉…4 g
　　蘇打粉…1 g
B　菜籽油…75 g
　　豆漿…45 g
　　甜酒…30 g
　　甜菜糖…30 g
肉桂糊…適量

◎事前準備

・將粉篩放進調理盆中，再放入 A，秤好分量。另取一個調理盆放入 B，秤好分量。
・將肉桂糊的材料楓糖漿、甜菜糖、肉桂各 10g 混合好。

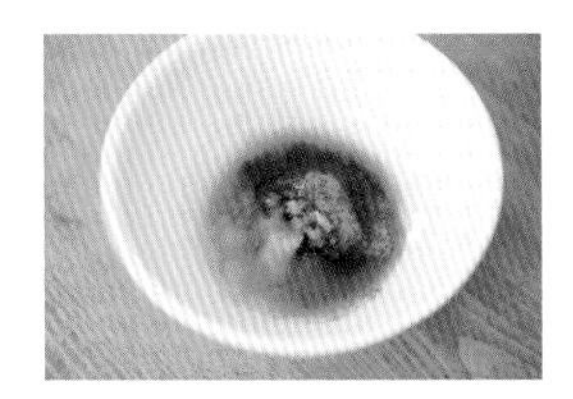

・烤箱預熱至 180℃。

◎作法

1. 將 A 的粉類過篩。將 B 攪拌到砂糖完全溶化呈現無結粒狀態為止，然後整個放入 A 的調理盆中。
2. 用刮板（或橡皮刮刀）快速切拌 **1**，不要搓揉。切拌到殘留一點粉狀物後，重複 3 次「對半切開→重疊」的動作。
3. 將 **2** 夾進冷凍保鮮袋中，用擀麵棍擀成 18 × 18cm 的正方形。
4. 麵團的上邊留白，將肉桂糊全面塗上去（a）。從下往上捲起，讓捲到最後的尾端確實黏住（b）。
5. 整理成粗細一致、長約 18cm 的圓筒狀後，快速切成 6 等分（厚約 3cm）（c）。
6. 將 **5** 斷面朝上、形狀整齊地排進烘焙紙上，然後在側面塗上豆漿（d）。
7. 用 180℃的烤箱烘烤 25 ～ 30 分鐘。烤好後取出放在涼架上。

☆司康餅只要在享用前用烤箱烤一下，便能重現剛出爐的美味。

a　b-1　→　b-2

邊抓住留白部分邊黏起來。

c-1　→　c-2　→　c-3　d

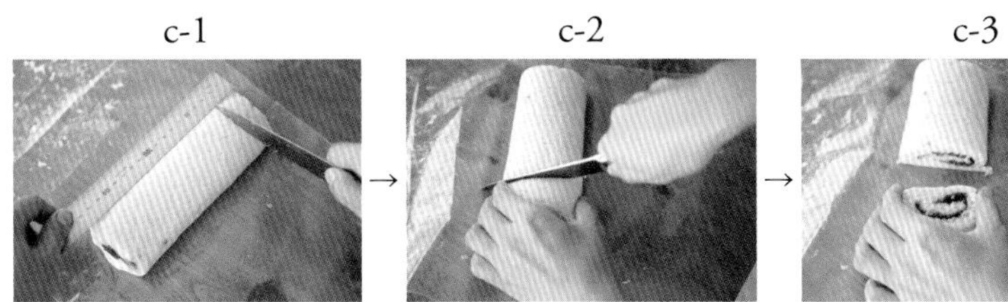

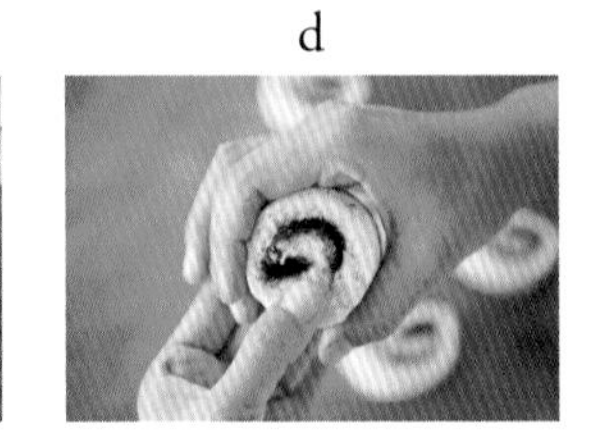

剛開始時，請用尺測量。

切得平均，才能烤得均勻漂亮。

29 小球麵包

外表酥脆，內部Q彈，
每天都想吃的天然發酵麵包。

→ recipe P.74

30 鮮綠沙拉

用日常鮮蔬做出藝術感，
每日餐桌上的好風景。

→ recipe P.77

31 彩虹吐司

用天然酵母做成的繽紛吐司。
好看又好吃，充滿魔力。

→ recipe P.78

基本天然酵母麵包

29 小球麵包的作法

每天吃也吃不膩的天然酵母餐包。我試做了好多次，
盡量做到工具和材料都最少、最省事。
想必第一次做麵包的人也能輕鬆成功。

◎材料（直徑 7 ～ 8cm × 6 個）

A　高筋麵粉…220 g
　　甜菜糖…8 g
　　鹽…3.5 g
　　天然酵母…1.5 g
B　水…70 g
　　豆漿…70 g
菜籽油…25 g

◎事前準備

・調理盆中放入 A，秤好分量。
　另取一個調理盆放入 B，秤好分量。

◎作法

1 混合材料

調理盆中放入 A，輕輕攪拌，再放入 B，大略攪拌，讓水分融合均勻（a）。適度地搓揉，直到開始變成一團（b）。放入菜籽油，拌入麵團中（c）。

2 揉麵團

將麵團放在工作墊上，繼續搓揉（d）。搓揉到沒有粉狀物後，整理成一團，放入調理盆中。

3 一次發酵

蓋上保鮮膜，放在＊溫暖處（約 28℃）2 ～ 3 小時（e）。用手指按一下膨脹的麵團，如果按下後不會立即恢復原狀，表示一次發酵已經完成（f）。

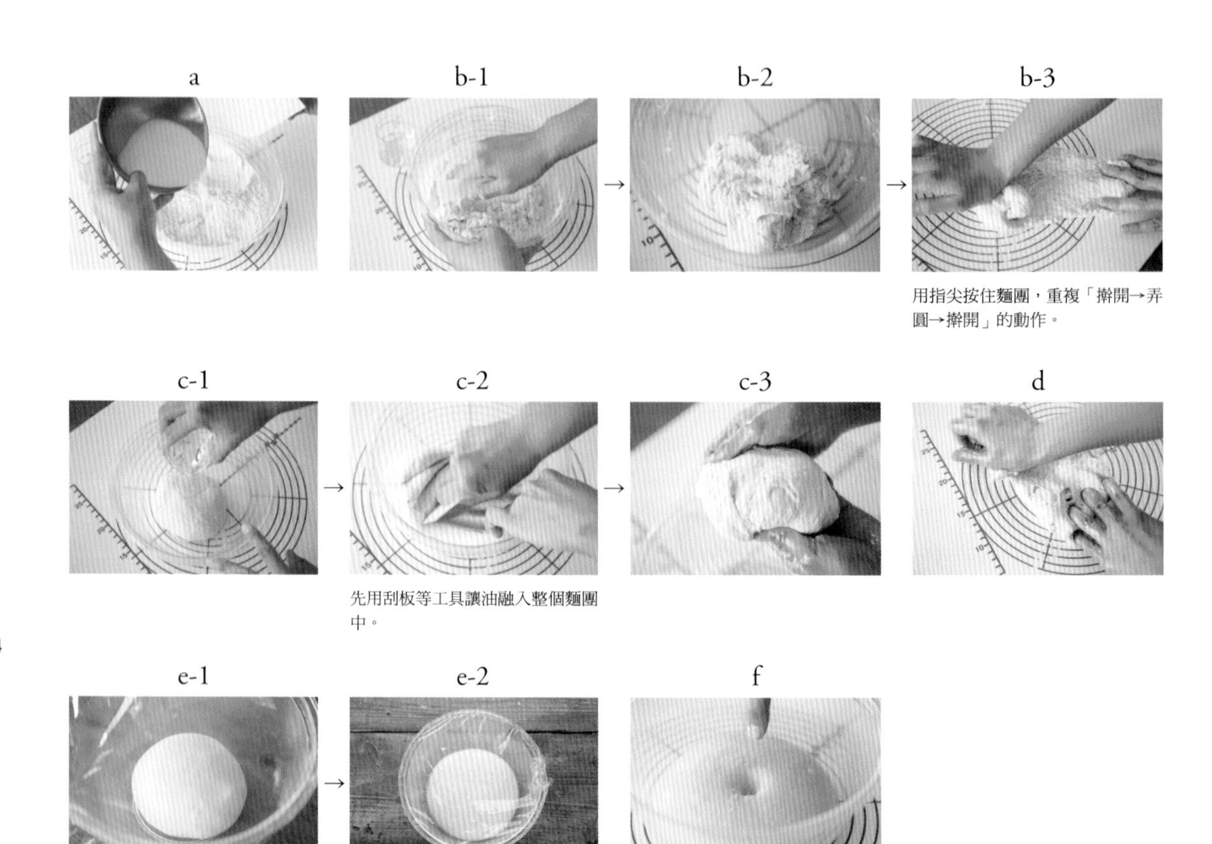

b-3：用指尖按住麵團，重複「擀開→弄圓→擀開」的動作。

c-2：先用刮板等工具讓油融入整個麵團中。

4 切割

麵團表面撒上手粉（分量外）後拿出來（g），切成 6 等分（1 個約 60g）（h）。

5 靜置

將麵團稍微整理成圓形，靜置 20 分鐘（i）。

6 排出空氣

將麵團拿到工作墊上，封口朝上，用手指按壓，排出空氣（j）。

7 成形

雙手合成三角形狀，將麵團往自己這邊滾動，整理成圓形（k）。整理到麵團表面光滑有彈性，再將裡面完全封住（l）。

8 最後發酵

將麵團排在烘焙紙上，放在 * 溫暖處（約 28℃）40 分鐘。用手指按一下麵團，如果按下後不會立即恢復原狀，表示最後發酵已經完成。

※ 進行最後發酵時，順便將烤箱預熱至 220℃。

9 烘烤

在表面塗上豆漿（m）。用 220℃的烤箱烘烤 10 分鐘，直到出現漂亮的烤色。然後放在涼架上。

* 所謂溫暖處（約 28℃），春天指室溫、夏天為稍微涼爽的蔭涼處、秋～冬天為有暖氣的室內。請勿放在陽光直射的地方。

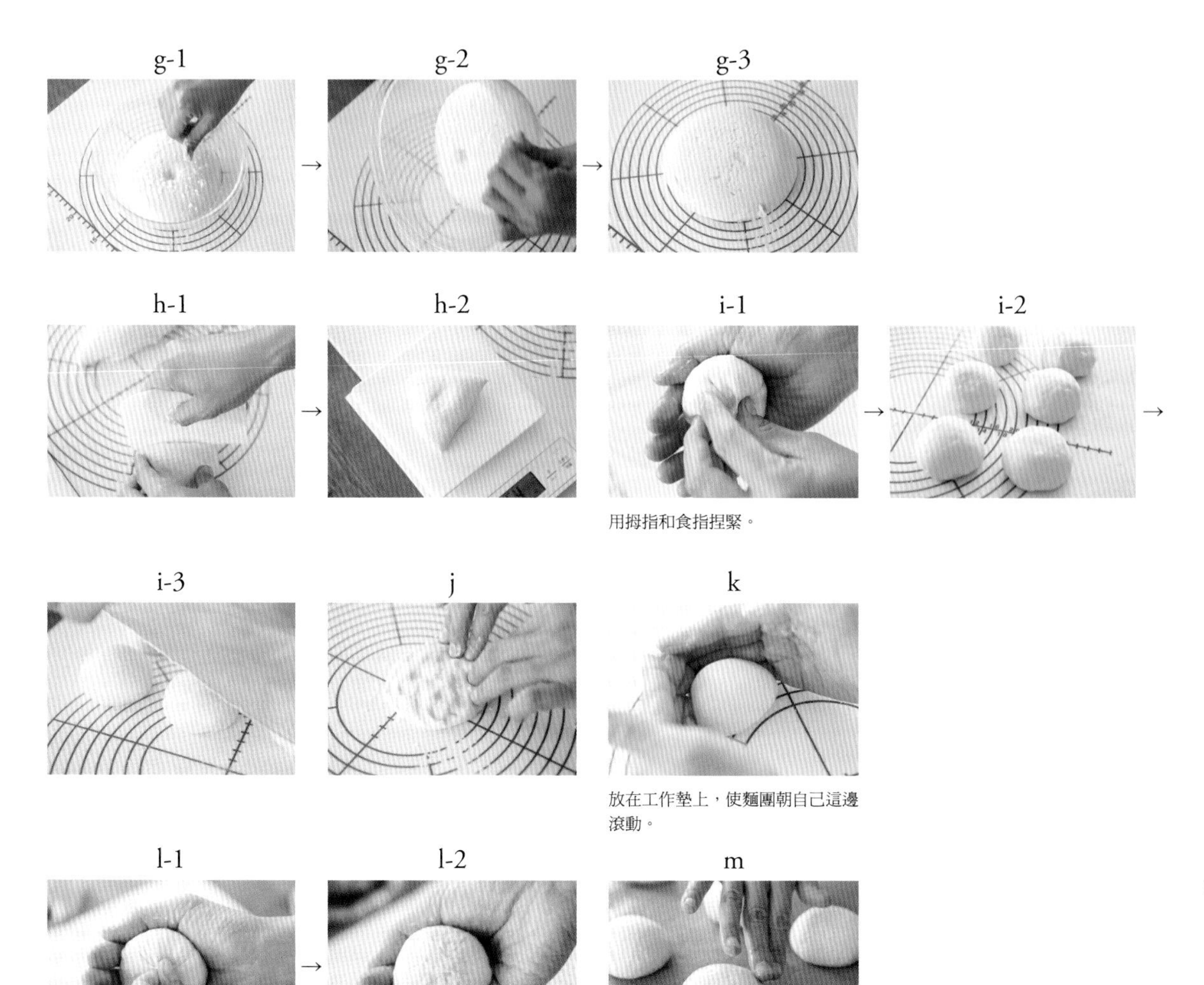

用拇指和食指捏緊。

放在工作墊上，使麵團朝自己這邊滾動。

將麵團擠到背面，讓表面繃緊，然後用手指捏緊封口，完全封住。

MORE POINT

◎挑戰製作天然酵母……

第一個自製天然酵母，就用葡萄乾來做吧。我在烘焙教室教大家這種方法時，很多人都說：「沒想到這麼簡單！」看著葡萄乾一天天長大長胖的模樣，不禁體會到大自然的神奇力量，而且這種「培養酵母」的感覺好療癒啊。請好好享受這樣的悠閒時光。最重要的是，用自製酵母做出來的麵包比市售麵包更好吃，你一定要親自體驗。

◎材料（500ml 的密封罐）
葡萄乾（無油）…80 g
水（淨水）…240 g

◎事前準備
・密封罐用熱水消毒，放在乾淨的布上面，直到恢復常溫。

◎作法
1 密封罐中放入葡萄乾和水，確實蓋好瓶蓋後，放在溫暖處（a）。
2 一天上下翻轉地搖1次，然後打開瓶蓋換氣、排氣。
3 開始發酵後，葡萄乾會浮上來。如果打開瓶蓋會發出「噗咻」聲並且冒出泡沫、飄出發酵味，表示酵母液已經製作完成（b）。

☆酵母液可邊拿來做麵包，邊冷藏保存 1 個月。
☆由於是慢慢發酵的，必須時不時打開瓶蓋排氣。
☆發酵力變弱的話，可放入砂糖來促進發酵。

a

發酵所需時間會隨環境、季節而不同。

b-1

→

b-2

不斷冒出小氣泡，而且飄出水果酒般的香氣，表示大功告成了。

・發酵中的密封罐要放在哪裡？
放在溫度穩定的地方，酵母才能長得健康。
酵母的品質會隨環境和季節而改變，請務必找到最適合的存放場所。
・要是葡萄乾發霉的話？
不要攪拌，用湯匙將發霉的葡萄乾舀掉即可。
・要是發出腐臭味怎麼辦？
應該是長了雜菌，最好重新製作。
失敗為成功之母。只要不斷試做，一定會越來越成功！

◎用自製葡萄乾酵母液來製作麵包的話……

用自製天然酵母液來製作〈29 小球麵包〉的話，
材料…將天然酵母 1.5g × 水 70g 改成→酵母液 70g。
作法… 一次發酵的時間改為 8 小時，最後發酵的時間改為 2 小時。
用自製天然酵母液來製作〈31 彩虹吐司〉的話，
材料…將天然酵母 1.25g × 水 115g 改成→酵母液 55g × 水 60g。
作法… 一次發酵的時間改為 8 小時，最後發酵的時間改為 2 小時。

30 藝術沙拉
鮮綠沙拉（洋蔥沙拉醬）的作法

將平凡無奇的綠色蔬菜布置得很有藝術感，
變成一道賞心悅目的沙拉，很適合當宴客時的前菜。
這裡還附上特製的洋蔥沙拉醬。可用一般洋蔥來做，
但用紅洋蔥的話，顏色更漂亮。用新鮮的洋蔥更好吃。

◎材料
想做成沙拉的蔬菜…適量
　這裡使用生菜、葉萵苣、綠花椰菜、
　小番茄、蘆筍
* 洋蔥沙拉醬…適量

◎事前準備
- 蘆筍、綠花椰菜等先用水煮好。
- 葉菜類用水清洗，使之變得鮮脆。
- 小番茄去蒂，對半切開。
- 調製好 * 洋蔥沙拉醬。

* 洋蔥沙拉醬的作法

1. 將調味料（米醋、菜籽油各 50g ×甜菜糖 35g ×鹽 7g）放進食物調理機中攪拌，使之乳化。
2. 將切成粗末以保留一點咬勁的紅洋蔥 150g 放入 1 中，攪拌。
3. 待味道融合、洋蔥不會那麼辣以後，在吃之前嚐一下味道，隨喜好加點糖或鹽巴。

☆和高麗菜、蒸好的南瓜及馬鈴薯拌在一起也很對味。

◎作法（樹木造型）
1. 將蘆筍排在盤子的中間，當成樹幹。將葉菜類當成樹葉般地排在蘆筍上方，使之看起來均衡茂盛。
2. 均衡地排上番茄和綠花椰菜。
3. 隨喜好淋上洋蔥沙拉醬。

31 彩虹吐司的作法

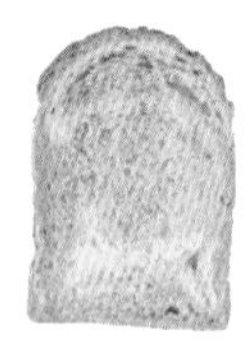

在我的烘焙教室，學生「最想吃、最想做」的 No.1，
就是這款彩虹麵包了！
這次我要介紹的食譜很簡單，在家也能輕鬆做出來。
訣竅就是分開製作摻了蔬菜粉的麵團以及
加了藍色液體的藍色麵團，然後結合成形。

◎材料（900g × 1 條份）

* 蔬菜粉麵團

A　高筋麵粉…180 g
　鹽…3 g
　甜菜糖…10 g
　天然酵母…1.25 g
　水…115 g

椰子油…20 g

色粉 3 ～ 4 種…各少許
　這裡使用 4 種顏色：甜椒…1 g、薑黃…3 小匙、紫芋粉…2 g、艾草…1 g

** 藍色麵團

B　高筋麵粉…180 g
　鹽…3 g
　甜菜糖…10 g
　天然酵母…1.25 g

C　水…115 g
　蝶豆花（參考 P.33）…1.5 g

椰子油…20 g

◎事前準備

- 將蝶豆花泡在 C 的水中一晚，萃取出藍色液體，再將花朵擰乾後拿掉。

* 製作蔬菜粉麵團

1. 調理盆中放入 A，攪拌到粉水相融，然後搓揉到開始變成一團為止（a）。
2. 待表面開始黏成一團後，放入椰子油，充分揉進麵團中（b）。
   ※ 麵團製作同 P.74 ～ 75 的要領。
3. 將麵團分成 4 等分（因為這次要做 4 種顏色），分別放入各種色粉，輕輕整理成圓形（c）。

** 製作藍色麵團

1. 調理盆中放入 B，再放入 C 的藍色液體，攪拌使粉水相融後，搓揉（d）。放入椰子油攪拌，搓揉，再輕輕整理成圓形（e）。
   ※ 麵團製作同 P.74 ～ 75 的要領。

a-1　a-2　b-1　b-2

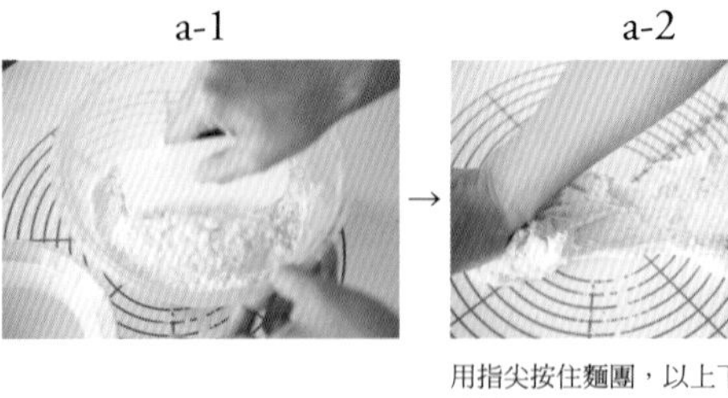
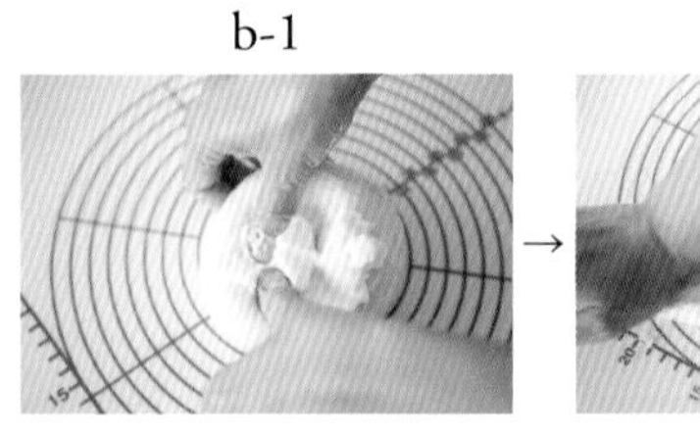
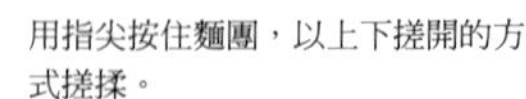

a-2：用指尖按住麵團，以上下搓開的方式搓揉。

b-2：讓椰子油均勻分布整個麵團。

c-1　c-2　c-3

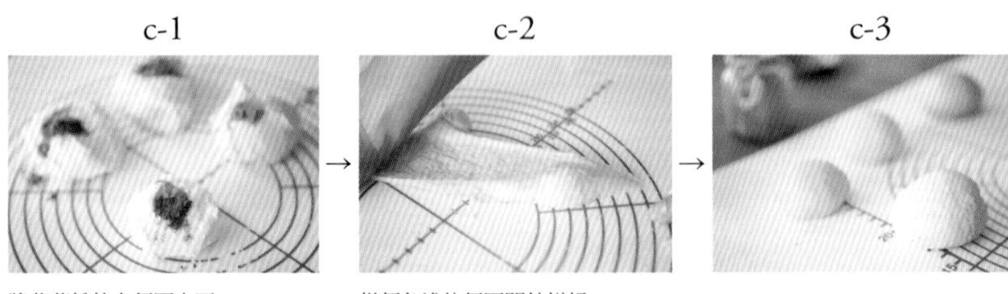

c-1：將蔬菜粉放在麵團上面。

c-2：從顏色淺的麵團開始搓揉。

d-1　d-2　d-3　d-4

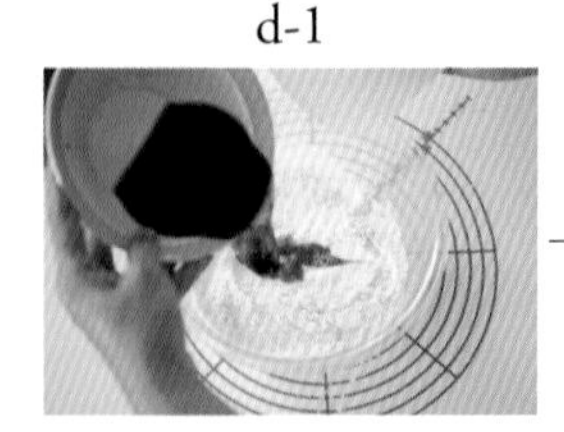
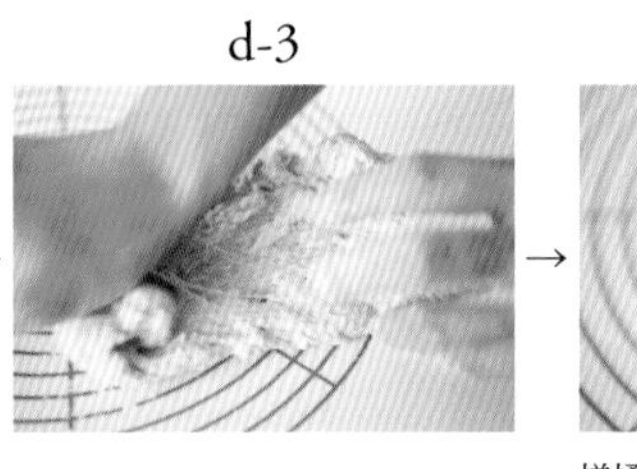

d-1：將事前準備好的藍色液體放進麵粉中。

d-4：搓揉到開始變成一團為止。

◎作法

1 將彩色麵團整理成形

所有彩色麵團都做好後，依喜好的配色方式疊在一起（f），整理成圓形（g），放入調理盆中。

2 一次發酵

蓋上保鮮膜，放在溫暖處（約 28℃）2 ～ 3 小時（h）。用手指按一下膨脹的麵團，如果按下後不會立即恢復原狀，表示一次發酵已經完成（i）。

3 切割

麵團表面撒上手粉（分量外），封口朝上放在工作墊上，分成 2 等分（j）。

4 靜置

將麵團稍微整理成圓形，靜置 20 分鐘（k）。
※ 將椰子油塗在模具上。

5 排出空氣

用手掌壓扁麵團，排出空氣（l）。

6 成形→放入模具中

重新整理成圓形，將 2 個麵團都封口朝下地放入模具中（m）。

7 最後發酵

將麵團放在溫暖處（約 28℃）40 ～ 60 分鐘。
※ 烤箱預熱至 210℃。
待膨脹到 9 分滿，用手指輕輕按一下麵團，如果按下後不會立即恢復原狀，表示最後發酵已經完成。
在麵團表面塗上豆漿（n）。

8 烘烤

用 210℃的烤箱烘烤 35 分鐘。烤好後連同模具一起拿高再拋下，讓模具底部敲在工作墊上，這樣比較容易脫模。趁熱脫模後，放在涼架上。

☆如果你能接受使用奶油，不妨用奶油取代椰子油，風味會更棒。
☆黃色×藍色×白色、粉紅色×藍色等，請隨個人喜好進行配色。

MORE POINT

◎發酵時間的調整……

- 發酵不足→膨脹狀況不佳，烤出來硬梆梆的話，請延長發酵時間。
- 發酵過度→麵團切開後軟趴趴，烤出來的麵包有酸味的話，請縮短發酵時間。

e

f-1

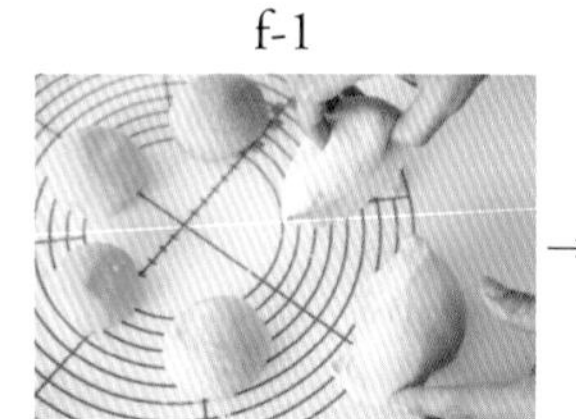

依顏色搭配需要來切割藍色麵團。

→

f-2

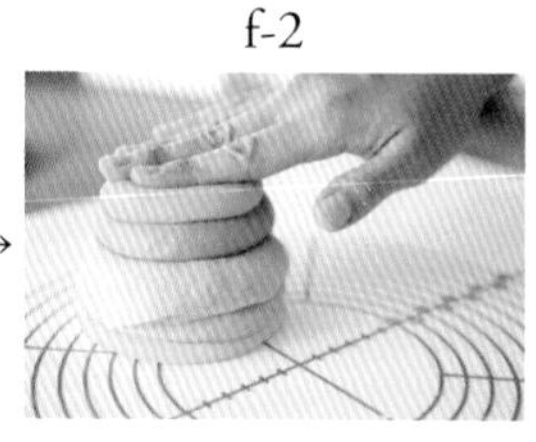

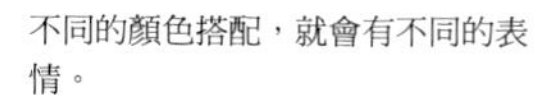

不同的顏色搭配，就會有不同的表情。

g

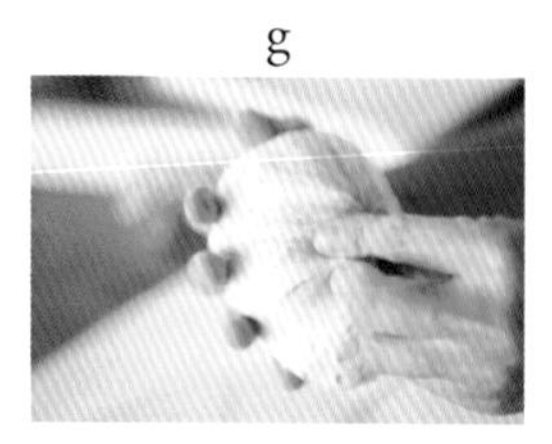

將表面弄圓，捏緊背面封起來。

h

i

j

將切好的 2 個麵團秤重，調整成同樣的重量。

k

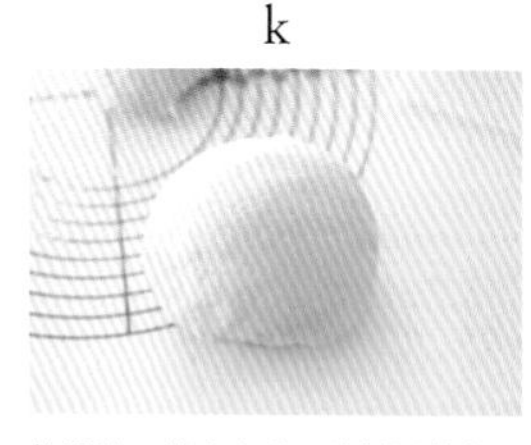

乾燥後，蓋上布巾，讓麵團休息。

l

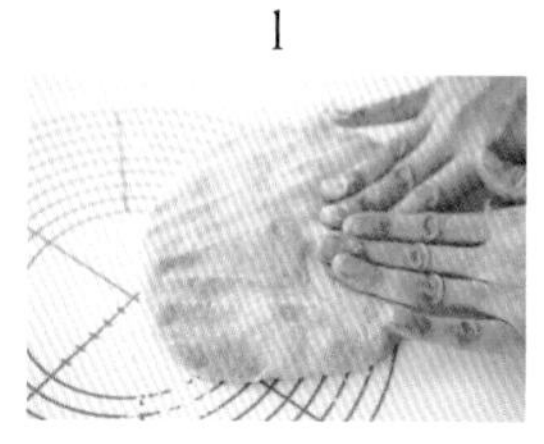

m-1

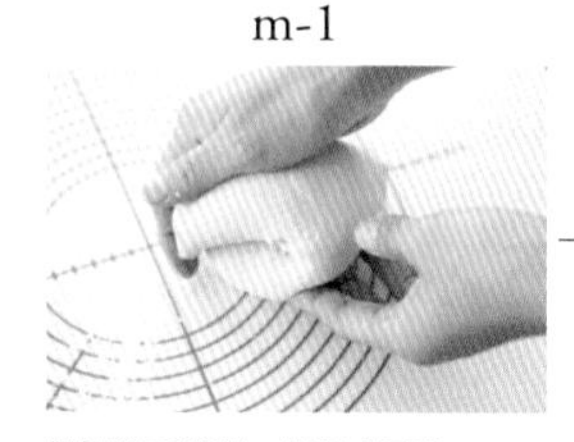

對摺後再對摺，整理成圓形。

→

m-2

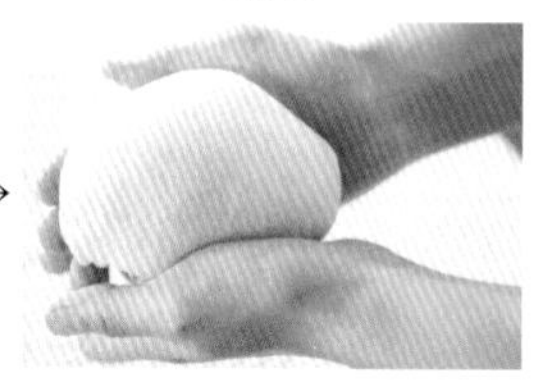

將麵團擠到背面，讓表面繃緊，然後用手指捏緊封口，完全封住。

n

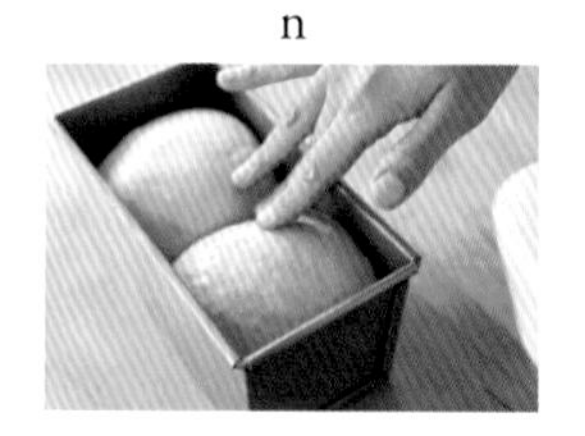

打扮與音樂與……

「手作」會反應出一個人的心情。我媽媽做給我的飯糰總是看起來好好吃，點心也是。因此，我一直告訴自己，做的時候要保持好心情。

當做點心成為我的工作後，有時我會從早做到晚，這時，我的活力來源就是打扮與音樂。例如，上工的日子，我不是穿上「戰鬥服」，而是穿上「戰鬥圍裙」。只要一穿上朋友為我做的圍裙，我立刻幹勁十足。

背景音樂也很重要。當我過得太嚴肅、太克己時，就會播放夏威夷音樂，讓心飛向南國，轉換情緒。當我隨著愉快的旋律起舞，融入「舞蹈元素」後，工作節奏也變活潑了（笑）。

像這樣，我做點心時總會打扮、總會放音樂，是因為我生了一場病，好一陣子沒做點心，那段時間我在洋服店工作，交到一些做音樂和當溜冰選手的朋友，他們擴展了我的活動視野。我就是受到音樂的啟發才創作出彩虹麵包的。我在海邊游泳時也曾靈光乍現：「能不能用海水來烤麵包？」我相信，只要將「喜歡」、「享受」當成香料，就能做出一個個全世界獨一無二的點心。

Sergio Mendes & Brasil '77

32 香草杯子蛋糕

蓬蓬軟軟的蛋糕中飄著香草的芳香
人人都愛的特製杯子蛋糕。

→ recipe P.90

CHAPTER 4

EDIBLE FLOWER SWEET CAKE

讓做的人、吃的人都
笑顏逐開的魔法蛋糕

33 摩卡杯子蛋糕

咖啡的優雅風味，
配上楚楚可憐的白花。

→ recipe P.91

34 可可香草杯子蛋糕

可可蛋糕加上紫羅蘭色奶油，
用一朵鮮花製造酷中帶甜的效果。

→ recipe P.91

35 甜酒巧克力蛋糕

製作容易、滋味濃郁。
適合當伴手禮，
也適合情人節表心意。

→ recipe P.92

36 胡蘿蔔蛋糕

這款樸素的胡蘿蔔蛋糕，
可配合家庭活動做各種討喜的裝飾，
請盡情發揮創意。

→ recipe P.93

32 基本杯子蛋糕／彩色奶油／花卉
香草杯子蛋糕的作法

質地蓬軟且細緻的杯子蛋糕。
要訣是用打蛋器快速攪拌。
粉紅色的椰子奶油擠花非常漂亮，而且入口即化，
很適合放在杯子蛋糕上。

◎材料（直徑 7cm × 6 個）

A　低筋麵粉…90 g
　　泡打粉…6 g
　　蘇打粉…0.5 g
B　豆漿…95 g
　　菜籽油…60 g
　　甜菜糖…40 g
　　香草酒…1 大匙
* 粉紅椰子奶油醬…適量（參考 P.60）
食用花…適宜（參考 P.94）

◎事前準備

- 將粉篩放進調理盆中，再放入 A，秤好分量。
  另取一個調理盆放入 B，秤好分量。
- 瑪芬模具中鋪上瑪芬紙杯。
- 做好粉紅椰子奶油醬。
- 烤箱預熱至 190℃。

* 粉紅椰子奶油醬的作法

1 將「椰子奶油醬」（P.60）材料中的豆漿與甜菜粉（3 小撮）一起攪拌均勻。
2 用粉紅色的豆漿製作椰子奶油醬。

◎作法

1 混合材料
將 A 的粉類過篩（a）。將 B 攪拌到看不見砂糖粒，然後整個放入 A 的調理盆中（b）。

2 攪拌
將 1 用打蛋器快速攪拌，但不要搓揉（c）。

3 放入模具中
攪拌到沒有粉狀物後，快速且平均地放入模具中（d）。

4 烘烤
用 190℃的烤箱烘烤 20 分鐘。烤好後拿出來，不脫模直接放涼（e）。

5 裝飾
擠上粉紅奶油醬（f）。隨喜好裝飾食用花（這次使用香雪球）。

a

b

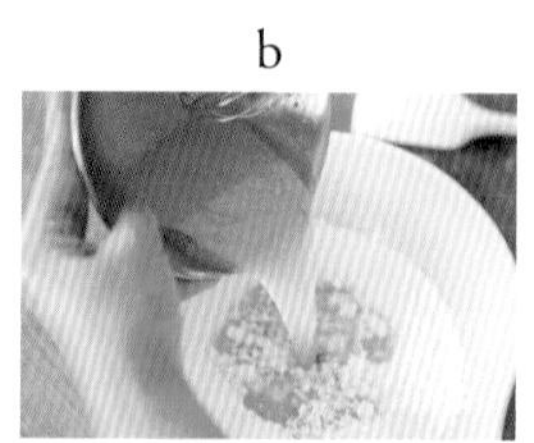

c

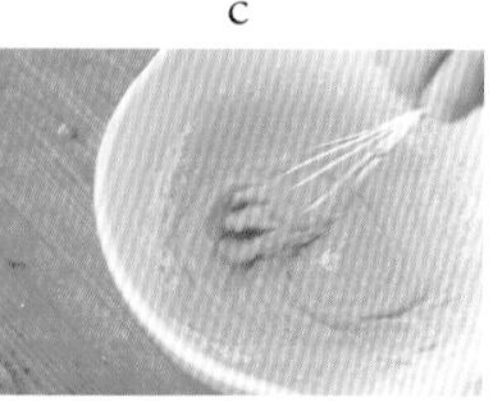

使用打蛋器是為了快速攪拌，但絕對不能搓揉麵團。

d

放入模具後，盡速送進烤箱！

e

稍微散熱後再開始裝飾。

f-1

先將擠花袋套在杯子中，再裝入奶油醬，這樣就很容易裝了。

→ f-2

一手拿著擠花袋擠出奶油醬，另一手幫忙扶著。

→ f-3

33 摩卡杯子蛋糕的作法

這款咖啡風味怡人的杯子蛋糕，默默地大受歡迎。
使用有機的即溶咖啡。

◎材料（直徑 7cm × 6 個）
A　低筋麵粉…90 g
　　泡打粉…6 g
　　蘇打粉…0.5 g
B　豆漿…95 g
　　菜籽油…60 g
　　甜菜糖…40 g
　　即溶咖啡…3.5 g
* 摩卡椰子奶油醬…適量（參考 P.60）
食用花…適宜（參考 P.94）

◎事前準備
- 同〈32 香草杯子蛋糕〉的事前準備事項。
- 將 B 的砂糖和即溶咖啡攪拌一下，
  才比較容易溶化。
- 做好摩卡椰子奶油醬。

* 摩卡椰子奶油醬的作法

1 將椰子奶油醬（P.60）材料中的豆漿與即溶咖啡（約 4g）一起攪拌均勻。

2 用摩卡色的豆漿製作椰子奶油醬。

◎作法
1 同〈32 香草杯子蛋糕〉的要領製作麵團。
2 用奶油刀將摩卡椰子奶油醬塗在蛋糕上（a），再隨喜好裝飾食用花（這次使用白晶菊）。

a-1

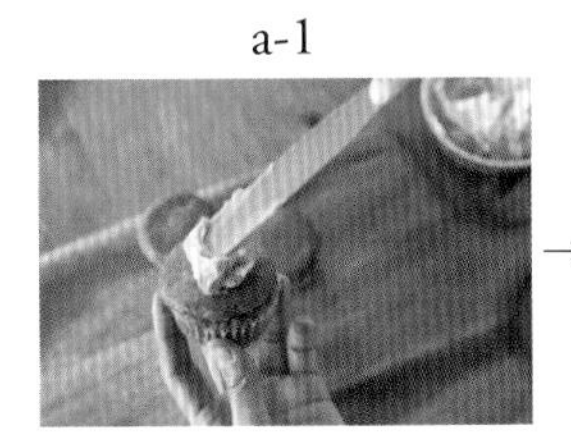

將大量奶油放在蛋糕的正中央。

→

a-2

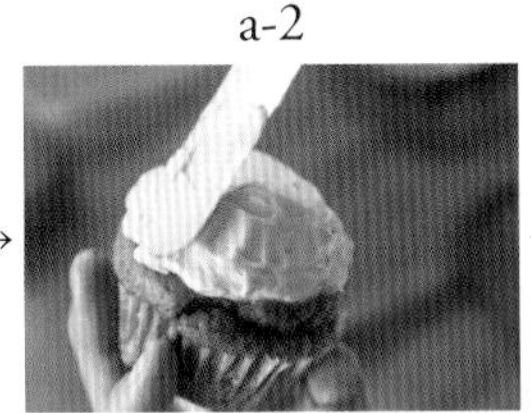

整個抹勻。

→

a-3

最後用刀尖劃一圈。

34 可可香草杯子蛋糕的作法

可可風味的蛋糕與椰子奶油醬的甜味皆適中。
大大擄獲女性芳心。

◎材料（直徑 7cm × 6 個）
A　低筋麵粉…60 g
　　可可粉…30 g
　　泡打粉…6 g
　　蘇打粉…0.5 g
B　豆漿…100 g
　　菜籽油…65 g
　　甜菜糖…40 g
* 藍色椰子奶油醬…適量（參考 P.60）
食用花…適宜（參考 P.94）

◎事前準備
- 同〈32 香草杯子蛋糕〉的事前準備事項。
- 做好藍色椰子奶油醬。

* 藍色椰子奶油醬的作法

1 將蝶豆花（參考 P.33，約 0.5g）泡在椰子奶油醬（P.60）材料的豆漿中一晚，萃取出藍色液體。

2 將 1 的花朵擰乾後拿掉，用藍色豆漿製作椰子奶油醬。

◎作法
1 同〈32 香草杯子蛋糕〉的要領製作麵團。
2 擠出藍色椰子奶油醬，再隨喜好裝飾食用花（這次使用堇菜）。

甜酒巧克力

35 甜酒巧克力蛋糕的作法

濃郁的甜味誘人，切成薄片配上咖啡更美味。
製作超簡單，而且不易變形，很適合送禮。

◎材料
（11 × 5.5 ×高 5cm 的迷你磅蛋糕模具× 2 個）

A 低筋麵粉…70 g
　杏仁粉…40 g
　可可粉…30 g
　蘇打粉…2 g

B 甜酒…125 g
　甜菜糖…40 g
　可可塊…25 g
　可可奶油…25 g
　檸檬汁…15 g

食用花…適宜（參考 P.94）

◎事前準備

- 將粉篩放進調理盆中，再放入 A，秤好分量。另取一個調理盆放入 B，秤好分量。
- 模具中鋪好烘焙紙。

- 烤箱預熱至 150℃。

◎作法

1. 將 A 的粉類過篩（a）。
2. 將 B 隔水加熱，融溶化後攪拌，再放入 A 的調理盆中（b）。
3. 將 **2** 用橡皮刮刀從底部大致切拌一下，不要搓揉（c）。
4. 切拌到沒有粉狀物以後，平均地放入模具中（d）。隨喜好撒上食用花（這次使用金盞花的花瓣），再用手指沾豆漿來抹平麵團（e）。
5. 用 150℃的烤箱烘烤 25 ～ 30 分鐘。烤好後拿出來，不脫模直接放在涼架上。

a

b-1

→

b-2

c

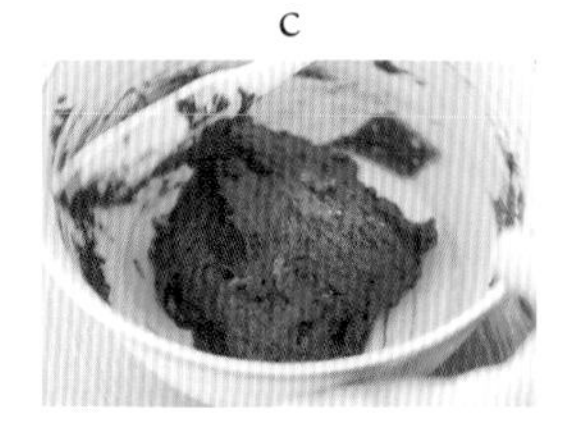

搓揉的話會膨脹不起來。

d

秤重，調整到 2 個麵團的重量一致後，再放進模具中。

e

沒黏住的花瓣會變得脆脆的，請務必確實黏好。

More Point

◎使用較大的模具的話……

如果你用的是一般尺寸的磅蛋糕模具，烘烤時間就要延長至 30 ～ 35 分鐘，並在烤好的 10 分鐘前確認烤箱中的狀況。模具較大的話，中央會凹陷進去，感覺比較沒那麼蓬，但滋味濃郁可口。

36 胡蘿蔔蛋糕的作法

放入大量的胡蘿蔔，是一款營養豐富的點心。
蛋糕中有肉桂、還有肉豆蔻，然後放上奶油醬。
可利用頂部配料裝飾成聖誕節等活動的氣氛。

◎材料（直徑 7cm × 6 個）

A　低筋麵粉…130 g
　　杏仁粉…40 g
　　肉桂…1 小匙
　　肉豆蔻…少許
　　泡打粉…4 g
　　蘇打粉…2 g
B　豆漿…80 g
　　菜籽油…50 g
　　黑糖…45 g
　　甜菜糖…30 g
　　胡蘿蔔…100 g
　　核桃…25 g
豆漿奶油醬（參考 P.61）…適量
餅乾、肉桂、粉紅胡椒…適宜

◎事前準備

- 將粉篩放進調理盆中，再放入 A，秤好分量。
  另取一個調理盆放入 B，秤好分量。
- 胡蘿蔔用刨絲器刨成粗絲。

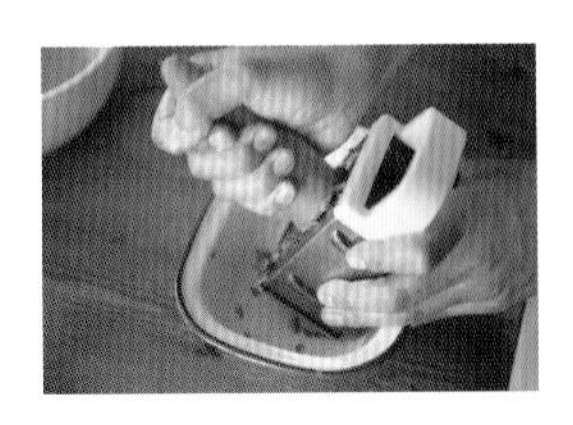

- 瑪芬模具中鋪好瑪芬紙杯。
- 烤箱預熱至 160℃。

◎作法

1. 將 A 的粉類過篩（a）。將 B 攪拌到看不見黑糖粒，然後整個放入 A 的調理盆中（b）。
2. 用橡皮刮刀快速攪拌 1，不要搓揉（c）。
3. 攪拌到沒有粉狀物後，平均地放入模具中（d）。
4. 用 160℃的烤箱烘烤 25 分鐘。烤好後拿出來，不脫模直接放在涼架上。
5. 隨喜好用豆漿奶油醬、餅乾、肉桂、粉紅胡椒等來裝飾（e）。

☆放上裹了糖霜的餅乾和水果也很可愛。

e-1：用奶油刀將豆漿奶油醬塗上去。

e-2：放上核桃，當成餅乾的支撐台。

e-3：放上餅乾，再用粉紅胡椒來增添色彩。

用食用花（可以吃的花）來裝飾點心

吃花很新鮮嗎？最近吃花很受到矚目，但歐美很早就有「食用花」（edible flower）這個辭彙，他們利用食用花來為料理增添色彩和香氣，感覺就跟吃香草植物、水果差不多。在日本，用於生魚片或涼拌菜中的菊花、可品味到春天氣息的蜂斗菜、油菜花，以及黏在紅豆麵包上的鹽漬櫻花，全都是食用花。沒錯，其實日本從以前就有吃花的文化了。

我大約在十年前開始將食用花應用於點心上。自從投入製作有機點心後，我不斷思考如何將美味但外觀太過樸素的點心打扮得漂漂亮亮，於是開始用油菜花當裝飾。我將那黃色花朵放在咖啡色蛋糕上，瞬間華麗逼人，贏得不少「好可愛！」、「好想吃吃看！」的讚聲，讓我重新領教到花朵的力量多麼驚人。

其實我從小就熱愛植物，受到喜歡種花種菜的爺爺的影響，我是在大自然中玩耍長大的；每當在山野、路邊看到鮮花，我總是開心極了。用它們裝飾家裡，或是扮家家酒時用它們做飯炒菜，都是我傾心於小花小草生命光輝的時刻。如今想來，我會用食用花來裝飾點心，一定是幼時那份幸福的悸動牽引著我吧。

點心和鮮花都能讓人一見傾心、心花怒放。而且，食用花不僅能增添色彩，也跟香草植物一樣有益健康，例如金盞花鮮豔的橘色花瓣具有殺菌作用，能夠緩和胃腸的不適。我知道有這樣的功用後，就一直努力嘗試將鮮花的能量變成強健我們身心的珍貴力量。

雖然市面上也買得到食用花，但我都是用家中從種籽開始培養的花朵，或是和孩子散步時摘來的野草等，使用身邊就有的花卉，不但溫柔了我們的心，也善待了我們的錢包。你也不妨試著將花卉的幸福融入每天的點心中吧。

◎取得方法、注意事項

- 本書使用的花卉都是我家種的、散步時發現的，或是從朋友家的農園摘來的。
- 觀賞用的花卉沒有農藥使用限制，有可能用了不宜食用的藥劑，須特別留意。
- 由於要吃下肚，建議使用自家栽培，且是從種籽或是尚未開花的幼苗開始栽種的花卉。例如堇菜，用花盆就能種了，非常方便。
- 使用路上發現的花卉時，有些地方的花卉可能有小狗的尿尿，請特別注意，最好先仔細觀察後再摘取。

◎使用方法

- 花朵摘下後，先確認花萼背面等處是否沾到泥巴。
- 花瓣十分脆弱，請先用稀釋的鹽水洗過，再用廚房紙巾拭乾水分。
- 有些花摘掉花萼後會四分五裂，請細心處理。
- 摘下來的花卉要如何保存呢？可在保鮮盒中鋪一張含有些許水分的廚房紙巾，然後把花卉放在上面，再放入冷藏庫的蔬果室就可以保存得較久。
- 用剩的花卉可以和水一起放入製冰器中，做成花冰，簡單易做又可愛。

◎不能食用的花卉

並非所有花卉均能食用！不論野生或園藝用花卉，有些毒性很強，須特別留意，使用前請先查清楚。

※不能食用的花：桔梗、水仙、聖誕玫瑰、石楠花、鐵線蓮、銀蓮花等。

我家小庭院種的食用花。

友人麥可的自然農園中，有許多充滿朝氣的花卉。

紫羅蘭
和綠花椰菜、白花椰菜一樣，同屬十字花科。味道與蘿蔔相近，花瓣華麗。
三色堇
花色五彩繽紛，自家栽種也很容易。用來裝飾點心，會展現獨特的存在感。
堇菜
比三色堇稍小一點，花色高雅，漸層的色澤非常漂亮。
香雪球
和油菜花一樣同屬十字花科。散發微香的小花惹人憐愛。
EDIBLE FLOWER
馬鞭草
從成串的花序中一朵一朵摘下來使用。沒有雜味，顏色也有很多種。

金蓮花

這是一種香草植物，葉子和花朵皆可食用，而且很容易入手。味道有點辣辣的，很好吃。含有豐富的維生素A、C、鐵等。

金盞花

菊科。富含維生素A，在歐洲被視為香草植物。花朵的橘色能將巧克力點心襯托得更美。

白晶菊

菊科的清秀小花。12～6月盛開，花期很長，在花朵鮮少的時節非常好用。

繁星花

呈星型的可愛小花，可保存很久。

幸運草

別名「白三葉草」。從前常當作藥草使用。不妨也找找四葉的幸運草。

37 草莓蛋糕

明明沒用蛋也沒用奶油，
卻能如此蓬軟濕潤，真是太神奇了！
這是我們家最受歡迎的生日蛋糕。
→ recipe P.104

38 甜心花漾蛋糕

美麗的花朵令人神魂顛倒，
外塗一層粉紅色奶油，散發成熟又可愛的氣質。

→ recipe P.106

39 獅子王水果蛋糕

勇猛的獅子王是什麼模樣？
製作過程一直好歡樂，
絕對是全世界獨一無二的蛋糕。

→ recipe P.107

37 基本海綿蛋糕
草莓蛋糕的作法

完全不用蛋和乳製品的海綿蛋糕，
卻做出蓬軟 Q 彈的口感！
不甜，而且沒用到「全蛋打發」這種困難的技巧。
這道食譜的作法及配方是專為新手設計的，
保證人人都能第一次做就上手。

◎材料（直徑 15cm 圓形模具× 1 模）

［海綿蛋糕］

A　低筋麵粉…180 g
　　泡打粉…10 g
　　蘇打粉…1 g

B　豆漿…165 g
　　菜籽油…70 g
　　甜酒…35 g
　　甜菜糖…45 g
　　香草酒…5 g

［裝飾］

豆漿奶油醬（參考 P.61）
　　豆漿…200 g
　　菜籽油…270 g
　　甜菜糖…40 g
　　檸檬汁…8 g

草莓…1 包

藍莓、柳橙、香草植物…適宜

◎事前準備

- 將粉篩放進調理盆中，再放入 A，秤好分量。另取一個調理盆放入 B，秤好分量。
- 模具中鋪好烘焙紙。
- 做好豆漿奶油醬。
- 夾在裡面的草莓縱向對半切開，柳橙一瓣一瓣剝下來（參考 P.56）。

- 烤箱預熱至 160℃。

◎作法

1 混合材料

將 A 的粉類過篩。將 B 攪拌到看不見砂糖粒，然後整個放入 A 的調理盆中。

2 攪拌

用打蛋器快速攪拌 **1**，但不要搓揉（a）。

3 放入模具中

攪拌到沒有粉狀物後，快速放入模具中（b），將表面撫平。拿起模具，再輕輕丟到工作墊上以排出空氣（c）。

不要搓揉，快速攪拌。

b

當粉塊變小、看不見粉狀物就行了。

c

拿到 10cm 左右的高度，然後輕輕拋下去。

d-1

d-2

稍微散熱後再裝飾。

4 烘烤

用 160℃的烤箱烘烤 40 ～ 50 分鐘。脫模後翻面，放在涼架上（d）。

5 裝飾

將海綿蛋糕的表面切掉，再從厚度 1.5 ～ 2cm 處切成上下 2 層（e）。

6 將下層的海綿蛋糕放在盤中，塗上豆漿奶油醬（f），排上草莓等水果。再從上面塗上豆漿奶油醬，整個蓋住（g）。

7 蓋上上層的海綿蛋糕，再塗上豆漿奶油醬（h）。隨喜好裝飾草莓、藍莓、香草植物（i）。

e-1 切掉烤出烤色的表面。

e-2 用麵包刀從側面輕輕切進去。

f 全面抹勻。

g-1 水果放在稍微內側，與邊緣保持一點距離。

g-2 將大量奶油醬放在正中央，再全面抹勻。

g-3

h-1

h-2 上層的奶油醬要塗厚一點。

i

MORE POINT

◎製作海綿蛋糕的重點……

- 作業時間太長就不會膨脹，因此動作要快。此外，要是攪拌過度，蛋糕就會變硬。
- 烤好後如果乾巴巴的，就蓋上廚房紙巾，再用保鮮膜鬆鬆地包覆住，然後放涼，這樣就會變濕潤了。
- 用刷子刷上糖漿（將甜菜糖 20g× 水 80g 煮沸製成），蛋糕就會變得很濕潤。

◎製作裝飾蛋糕的要訣……

- 一是準備齊全，二是想清楚完成後的模樣再製作！可先畫好草稿，這樣也有助於準備材料。海綿蛋糕和豆漿奶油醬可在前一天做好。奶油醬的水分要是分離了，使用前再拌勻即可。
- 這款還會再做裝飾的海綿蛋糕，即便吸收了豆漿奶油醬的水分也不會變得過重，口感濕潤。而且與水果、奶油醬融合後更美味，因此建議享用前 3 小時左右開始製作。

38 奶油醬裝飾 甜心花漾蛋糕的作法

三層海綿蛋糕，中間的奶油醬和草莓達到絕妙的平衡。
步驟雖多，但作法很簡單。只要做好將奶油醬塗在蛋糕上這個「抹面」工夫，就會分外漂亮。

◎材料
（直徑 11cm 圓形模具× 1 模）
[海綿蛋糕]
A　低筋麵粉…100 g
　　泡打粉…6 g
　　蘇打粉…0.5 g
B　豆漿…95 g
　　菜籽油…40 g
　　甜酒…20 g
　　甜菜糖…25 g
　　香草酒…3 g

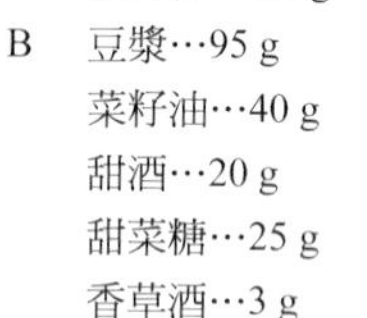

[裝飾]
* 粉紅豆漿奶油醬（參考 P.61）
　　豆漿…130 g
　　菜籽油…180 g
　　甜菜糖…25 g
　　檸檬汁…5 g
　　甜菜粉…4 ～ 5 小撮
草莓…4 ～ 5 顆
食用花…適宜（參考 P.94）

◎事前準備
- 將粉篩放進調理盆中，再放入 A，秤好分量。另取一個調理盆放入 B，秤好分量。
- 模具中鋪好烘焙紙。
- 做好粉紅豆漿奶油醬。
- 將 4 ～ 5 顆草莓切成薄片。
- 烤箱預熱至 160℃。

* 粉紅豆漿奶油醬的作法

1 將甜菜粉放入豆漿奶油醬材料的豆漿中，拌勻。
2 用粉紅色的豆漿製作奶油醬。

◎作法
1 同〈37 草莓蛋糕〉的要領，將烘烤時間改為 30 分鐘，製作海綿蛋糕。
2 將海綿蛋糕切成 3 層（a）。
3 同〈37 草莓蛋糕〉的要領，將草莓夾進去，再塗上豆漿奶油醬（b）。
4 疊好 3 層後，用豆漿奶油醬進行抹面（c）。
5 用食用花（這次使用堇菜）做裝飾（d）。

☆「抹面」（nappe）是將奶油醬塗抹在海綿蛋糕上做裝飾。如果一開始塗得太薄，最後抹勻時，奶油醬會斑駁不均，因此一開始就要放上大量的奶油醬，塗厚一點。

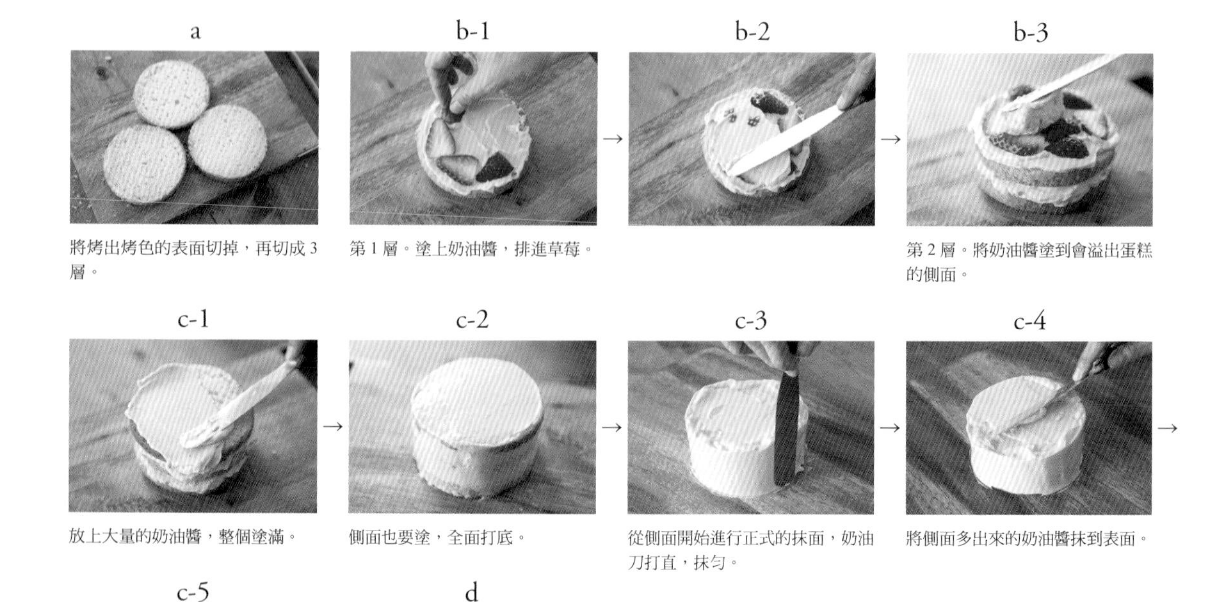

a　將烤出烤色的表面切掉，再切成 3 層。
b-1　第 1 層。塗上奶油醬，排進草莓。
b-2
b-3　第 2 層。將奶油醬塗到會溢出蛋糕的側面。
c-1　放上大量的奶油醬，整個塗滿。
c-2　側面也要塗，全面打底。
c-3　從側面開始進行正式的抹面，奶油刀打直，抹勻。
c-4　將側面多出來的奶油醬抹到表面。
c-5　最後用奶油刀水平地滑過去。
d　決定好完成的模樣後，進行最後裝飾。

39 蔬果裝飾
獅子王水果蛋糕的作法

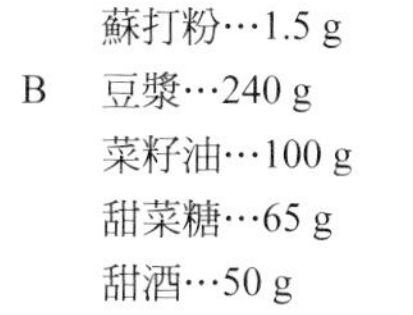

海綿蛋糕、奶油醬都在前一天做好就不會手忙腳亂。
也可以同小朋友一起動手做，享受這段美妙的過程。
家庭派對時端上桌，或是當成贈送親友的禮物，
肯定讓人驚喜得目不轉睛！

◎材料
（直徑 18cm 圓形模具× 1 模）

［海綿蛋糕］
A　低筋麵粉…260 g
　泡打粉…15 g
　蘇打粉…1.5 g
B　豆漿…240 g
　菜籽油…100 g
　甜菜糖…65 g
　甜酒…50 g
　香草酒…7 g
［裝飾］
* 橘色豆漿奶油醬（參考 P.61）
　豆漿…240 g
　菜籽油…320 g
　檸檬汁…10 g
　甜菜糖…50 g
　甜椒粉…6 g
草莓…1 包
裝飾臉部用的蔬菜＆水果
　這次使用柳橙 2 ～ 3 顆、香蕉 1 根、
　紅椒 1/4 個、小黃瓜 1/2 根、小番茄 1 顆、
　葡萄柚 1 瓣、藍莓 2 顆

◎事前準備
- 將粉篩放進調理盆中，再放入 A，秤好分量。
  另取一個調理盆放入 B，秤好分量。
- 模具中鋪好烘焙紙。
- 做好橘色豆漿奶油醬。
- 切好裝飾用的蔬菜和水果。
- 烤箱預熱至 160℃。

* 橘色豆漿奶油醬的作法

1 將甜椒粉放入豆漿奶油醬材料的豆漿中，拌勻。
※ 甜椒粉有點味道，請視顏色與味道加以調整。
2 用橘色的豆漿製作奶油醬。

◎作法
1 同〈37 草莓蛋糕〉的要領，將烘烤時間改為 50 ～ 55 分鐘，製作海綿蛋糕。然後隨喜好將蛋糕切成 2 ～ 3 層。
2 同 P.105 的要領，將喜歡的水果夾進去，再塗上豆漿奶油醬。
3 同〈38 甜心花漾蛋糕〉的要領，用豆漿奶油醬進行整體抹面。
4 用水果和蔬菜做裝飾（a）。

☆裝飾用的部件可用其他素材代替。也不妨挑戰一下自己喜歡的小狗或小貓等圖案。

鬃毛→柳橙。重疊地排起來。
臉→香蕉。
排成放射線狀。
嘴巴→紅椒。鼻子→葡萄柚。
眼睛→藍莓。耳朵→小番茄。
鬍鬚→小黃瓜。大功告成！

RAINBOW
alicia ba

ARAVAN
aurel x ORIE

與大自然相連結

我的工作室距離海邊大約走路 30 步，因此，我總是邊做點心邊眺望大海，呼吸隨風飄來的草木芳香。

從我懂事起，我就非常喜歡做點心。長大後，我如願以償成為一名點心師，但幾年後，我因為過於沉迷工作，把身體搞壞了，不得不有幾年時間遠離點心世界。然而，人生每一件事都有它的道理，生這場病，讓我透過生機飲食了解到「飲食」的重要性。而且在夏威夷島的農村生活，也讓我愛上了「樸門農藝」（permaculture）。我在其中感受、尋覓，然後找到我要走的路，一如看見彩虹般，就是開一家將幸福傳送到每個人心中的點心屋。我為點心屋取名「Rainbow Caravan」（彩虹商隊），希望這番心思能透過本書與更多人分享。

PROFILE

石井織繪

在日本神奈川縣橫須賀市出生，在橫濱市長大。自辻製菓專科學校畢業後擔任餐廳點心師，製作傳統西式點心。後來生病離職，開始學習生機飲食，在「Natural & Harmonic PLANT'S」擔任點心師及講師，製作並教導使用自然素材製作的各種點心及麵包。之後在夏威夷島的「ginger hill farm」住了一季，接觸到「樸門農藝」、瑜珈、呼拉舞等，於是自己開業，推廣與大自然融和的點心製作。2014年，於葉山海邊的家中開設工作室「Rainbow Caravan」。獨特的創作品味與開朗大方的個性吸引不少粉絲，除了教授點心製作及出版食譜書籍外，也參與時尚及音樂活動，並到人氣咖啡館提供餐飲服務。創意十足且以天然素材製作的「色彩繽紛又可愛」點心，透過口耳相傳，已在重視有機飲食的鎌倉、葉山一帶深受歡迎，近年更是獲得高度注目。

Rainbow Caravan
http://www.rainbowcaravan.com/

TITLE

無蛋奶 不過敏 自然食材烘焙坊

STAFF

出版　瑞昇文化事業股份有限公司
作者　石井織繪
譯者　林美琪

總編輯　郭湘齡
責任編輯　蔣詩綺
文字編輯　徐承義　蕭妤秦
美術編輯　謝彥如
排版　曾兆珩
製版　印研科技有限公司
印刷　龍岡數位文化股份有限公司

法律顧問　經兆國際法律事務所　黃沛聲律師
戶名　瑞昇文化事業股份有限公司
劃撥帳號　19598343
地址　新北市中和區景平路464巷2弄1-4號
電話　(02)2945-3191
傳真　(02)2945-3190
網址　www.rising-books.com.tw
Mail　deepblue@rising-books.com.tw

初版日期　2019年10月
定價　320元

國家圖書館出版品預行編目資料

無蛋奶 不過敏 自然食材烘焙坊 / 石井織繪作；林美琪譯. -- 初版. -- 新北市：瑞昇文化, 2019.10
112面；18.2X25.7公分
譯自：にじいろのおやつ
ISBN 978-986-401-376-0(平裝)
1.點心食譜

427.16　　108016325

Nijiiro no Oyatsu
Original Japanese edition published in 2016 by WAVE Publishers Co., Ltd.
Chinese translation rights in complex characters arranged with WAVE Publishers Co., Ltd.
through Japan UNI Agency, Inc., Tokyo